DK 职业探秘百科系列

编程高手

[美] 奇奇·普罗特斯曼——著　刘宣谷——译

未小读
UnRead Kids

北京联合出版公司
Beijing United Publishing Co.,Ltd.

DK职业探秘百科系列：编程高手

[美]奇奇·普罗特斯曼 著

刘宣谷 译

图书在版编目（CIP）数据

编程高手 / （美）奇奇·普罗特斯曼著；刘宣谷译
. -- 北京：北京联合出版公司，2021.6
（DK职业探秘百科系列）
ISBN 978-7-5596-5306-2

Ⅰ.①编… Ⅱ.①奇… ②刘… Ⅲ.①程序设计—少
儿读物 Ⅳ.①TP311.1-49

中国版本图书馆CIP数据核字(2021)第089293号

Original Title: How to Be A Coder
by Kiki Prottsman

Copyright © 2019 Dorling Kindersley Limited
A Penguin Random House Company
Simplified Chinese edition copyright © 2021 by United Sky (Beijing)
New Media Co ., Ltd.
All rights reserved.

北京市版权局著作权合同登记号 图字：01-2021-2981 号

出品人	赵红仕
选题策划	联合天际
责任编辑	王巍
特约编辑	谭振健 徐耀华
美术编辑	梁全新 浦江悦
封面设计	史木春

出 版	北京联合出版公司
	北京市西城区德外大街 83 号楼 9 层 邮编：100088
发 行	未读（天津）文化传媒有限公司
印 刷	当纳利（广东）印务有限公司
经 销	新华书店
字 数	80千字
印 数	1-10000
开 本	889 毫米 × 1194 毫米 1/16 9印张
版 次	2021年6月第1版 2021年6月第1次印刷
I S B N	978-7-5596-5306-2
定 价	88.00元

本书若有质量问题，请与本公司图书销售中心联系调换
电话：(010) 52435752

未经许可，不得以任何方式
复制或抄袭本书部分或全部内容
版权所有，侵权必究

FOR THE CURIOUS

www.dk.com

目录 Contents

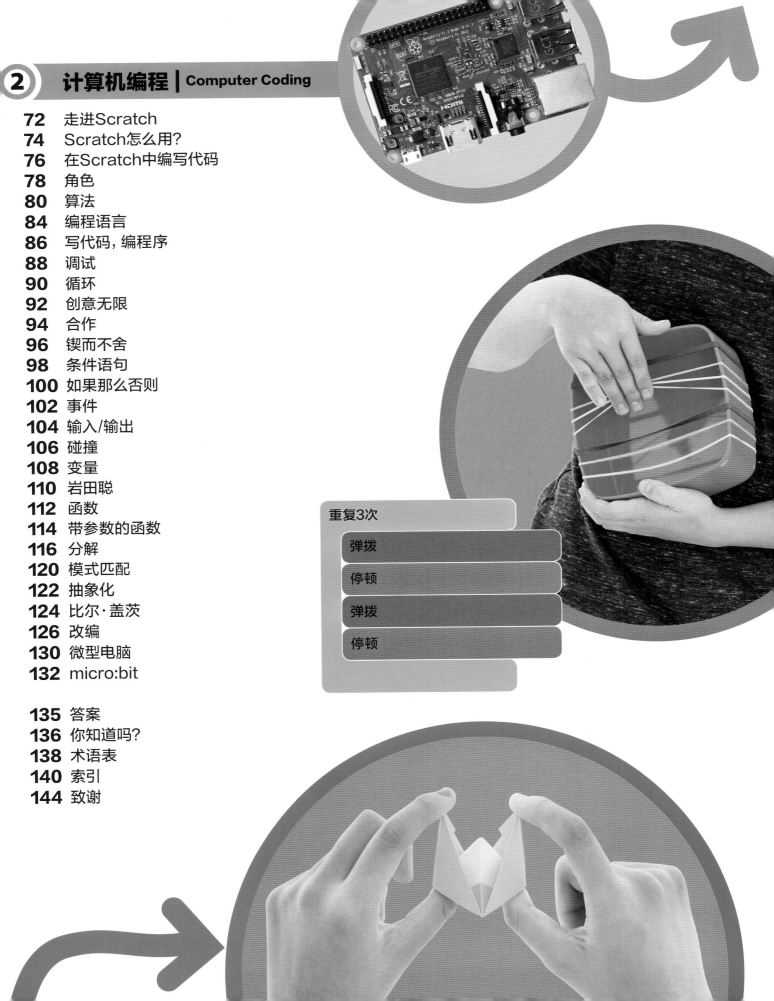

② **计算机编程 | Computer Coding**

重复3次

弹拨

停顿

弹拨

停顿

如何玩转
这本书

程序员遇到问题的时候，会怎样思考和解决呢？《编程高手》这本书会告诉你！书里充满了妙趣横生的游戏和实验活动，你在家就能操作。除此之外，你还可以学到简单的编程基础知识，以及认识那些历史上了不起的程序员。

绝妙好实验

书中前半部分是令人兴奋的游戏活动，游戏中暗含着与编程有关的重要理念。玩这些游戏时用不到计算机，你可以边玩边学——一边体验游戏的乐趣，一边为之后的编程实践做准备。

页首会列出你需要准备的游戏材料。

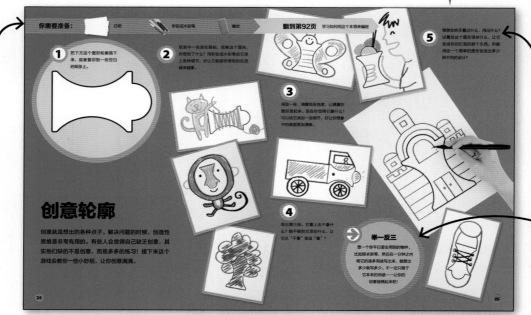

每个游戏都配有详细的步骤解说。

游戏最后的"举一反三"小板块，还会帮你获得更多新知识。

安全第一

无论是哪一个游戏，都需要注意安全。尤其是那些标有左侧这个符号的游戏活动，一定要在成年人的陪同和指导下进行。

做这些的时候，要特别小心：

· 使用尖锐物品（如剪刀）时
· 跟朋友跑来跑去嬉戏时
· 触摸高温食物时
· 去户外时——请务必告诉大人你在做什么

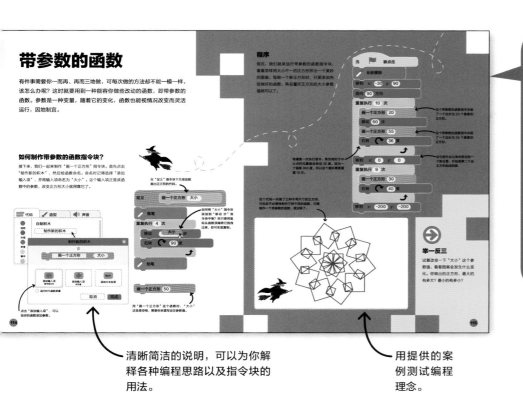

编程一点通

能一行一行地写代码，听起来就很兴奋，但是实际上，编写代码也是很棘手的。书里每讲到一种编程思路，都会借助具体示例和操作加以呈现，这样一来，你很快就可以用新技能编写出自己的"独家代码"啦！

清晰简洁的说明，可以为你解释各种编程思路以及指令块的用法。

用提供的案例测试编程理念。

编程面面观

像是计算机硬件、互联网，还有编程语言等编程相关话题，你都有必要了解一下，它们会帮你更好地理解编程。

伟大的程序员

每个人都可以学编程。书里介绍的程序员，凭借编程这项技能改变了自己的人生，也影响了世界。

准备好了吗？

书里的游戏活动需要用到的材料和工具，都是家中常用的物件。你可以随时进行、轻松上手；即便是书中后半部分的编程内容，需要的也不过是一台能上网的计算机而已。

键盘是程序员不可或缺的工具，因为敲代码要用到它。

为什么要学习编写代码？因为可以解决各种各样的问题。

程序员是做什么的？

程序员就是写出指令（或者叫代码）让计算机工作的人。有的程序员靠写代码谋生，而有些则单纯因为好玩、喜欢。你要是想当程序员，用不着每天都编写程序。不过，就跟画画和弹钢琴一样，熟能生巧总是没错的！

初学者不一定非得用特别复杂的计算机才能学编程，像这种微型计算机也是可以的。

记得准备好铅笔。开始编程前，用它把问题写下来或画出来，会非常有用。

像程序员一样思考

程序员中有很多精英，并且各有各的本领，但他们有个共同特点：爱解决问题。如果你也想让自己像程序员那样思考，不妨把以下几点记在心里：

1 程序员做事情总会未雨绸缪。程序是非常复杂的，所以需要做什么，一开始就得做到心中有数，这样才能把事情做好。

2 程序员善于拆解目标。通过一次只做总目标的一部分，你可以在不改变程序其他部分的情况下，尝试不同的东西。

3 程序员需要想象力。在写下代码之前，先想象你的代码会做什么。这样做有助于你不断地思考和创造出新程序。

4 程序员非常细心。哪怕一个小小的错误，都有可能造成整个程序无法运行，所以需要反复检查代码。

5 程序员要有解谜精神。如果哪里出了错，你能从中找到错误的原因吗？试试看。

6 程序员有一股韧劲儿。一次不行那就再试一次，得有反反复复、越挫越勇的决心。假如你过早"投降"，那就很难学到新东西了。

7 程序员有永不放弃的精神。如果有什么事情一时难以解决，也不用发愁，谁都会犯错误，但错误是暂时的，好好补救，总会得到一个让你满意的结果。

舞蹈

气球

管弦乐队

食谱

名字

彩纸链

折纸

诗歌

轮廓

算法
无处不在

Crafty Coding

计算机科学家在编写代码中运用到的理念、观点，其实在生活中随处可见。在这一章中，你会在美术、手工作品、食谱和游戏中找到它们的踪迹！一起来试试看吧，在活动中体验、探索，慢慢掌握程序员的常用概念！

迷宫

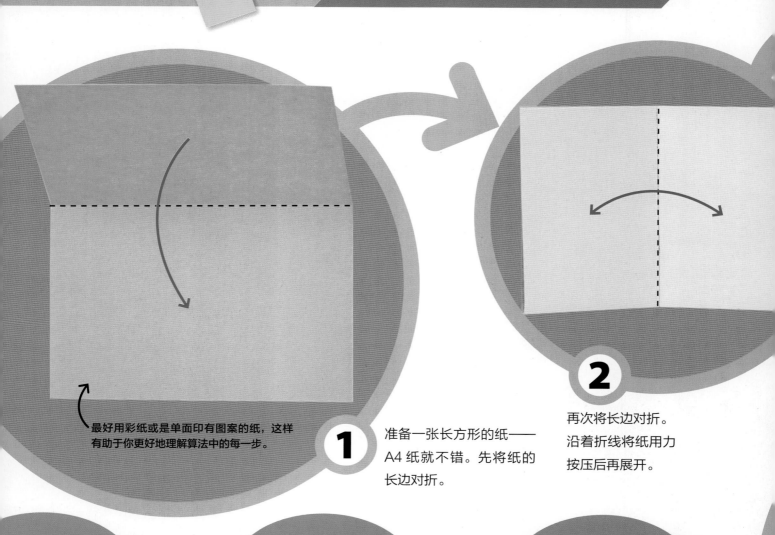

最好用彩纸或是单面印有图案的纸，这样有助于你更好地理解算法中的每一步。

1 准备一张长方形的纸——A4 纸就不错。先将纸的长边对折。

2 再次将长边对折。沿着折线将纸用力按压后再展开。

折纸中的"算法"

"算法"其实就是一张清单，告诉你每一步该做些什么。一份食谱称得上算法，一份乐谱其实也是算法。要设计计算机程序，第一步就是要搞懂算法。你知道吗，我们还能按照算法用纸折出一条小船呢！

3 沿着正中间的那条折痕，将左上角、右上角向下折，折后两者刚好对齐。这样就折出了一个大三角形，三角形下方还有一个长方形。

一定要严格按照算法给出的正确次序一步一步折，这一点非常重要，否则半路就会卡壳，折不出小船。

下方的长方形应该有两层纸。将上面那层纸沿着三角形的边（图中的虚线）向上折，刚好覆盖三角形底部。

4

5 将这两个突出的尖角沿虚线往后折过去。

把整个折纸翻过来，下方的长方形沿虚线向上折。

折纸算法你已经完成一半啦！

6

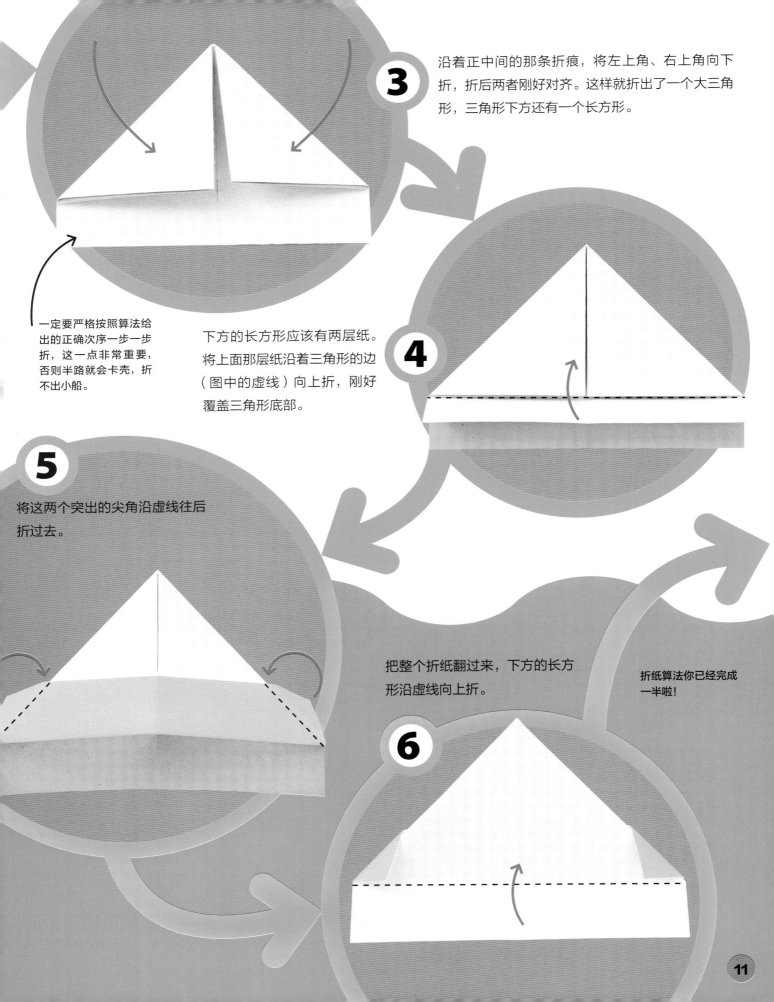

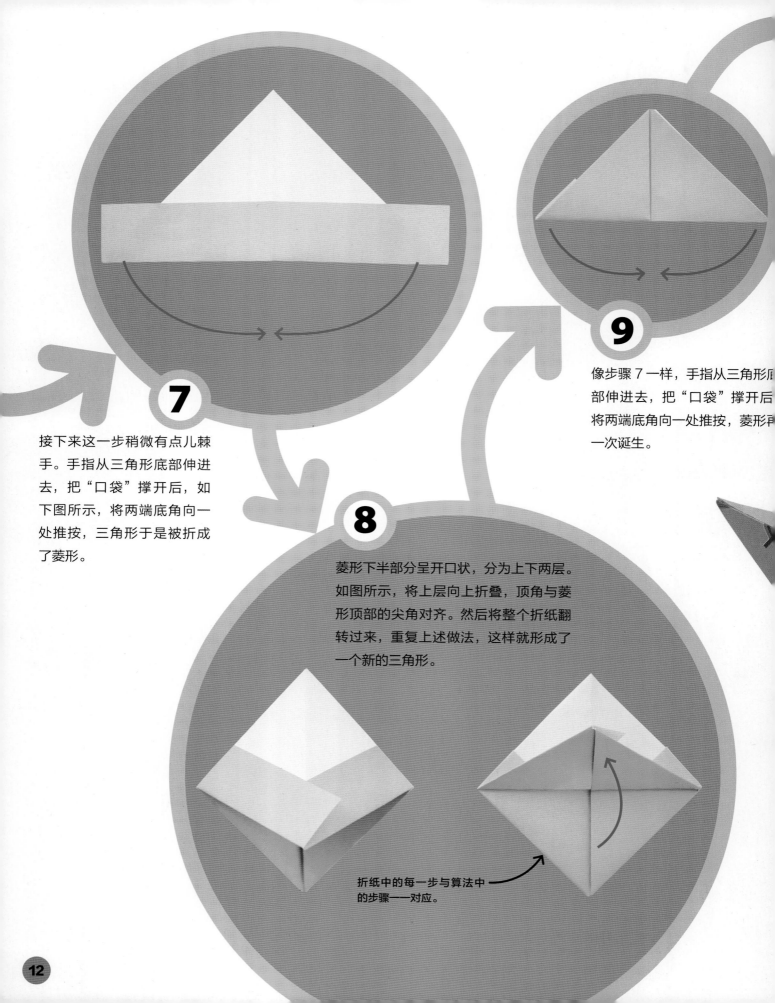

7

接下来这一步稍微有点儿棘手。手指从三角形底部伸进去，把"口袋"撑开后，如下图所示，将两端底角向一处推按，三角形于是被折成了菱形。

8

菱形下半部分呈开口状，分为上下两层。如图所示，将上层向上折叠，顶角与菱形顶部的尖角对齐。然后将整个折纸翻转过来，重复上述做法，这样就形成了一个新的三角形。

折纸中的每一步与算法中的步骤一一对应。

9

像步骤 7 一样，手指从三角形底部伸进去，把"口袋"撑开后，将两端底角向一处推按，菱形再一次诞生。

10 将菱形顶部松动的两端向两侧拉，小船就
折好啦。算法也到此结束。

成功啦!

阿达·洛芙莱斯

数学家·生于1815年·英国人

阿达·洛芙莱斯是英国著名诗人拜伦勋爵的女儿，她母亲曾想方设法阻止她学习诗歌。还好阿达最终在数学方面找到了施展才华、让想象力任意驰骋的新天地。阿达坚信，数学和技术能改变未来。

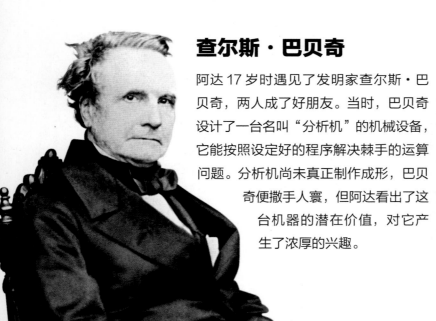

查尔斯·巴贝奇

阿达17岁时遇见了发明家查尔斯·巴贝奇，两人成了好朋友。当时，巴贝奇设计了一台名叫"分析机"的机械设备，它能按照设定好的程序解决棘手的运算问题。分析机尚未真正制作成形，巴贝奇便撒手人寰，但阿达看出了这台机器的潜在价值，对它产生了浓厚的兴趣。

分析机是现代通用计算机的雏形——它能按照指定程序运转，还可以储存信息。

分析机

阿达曾将一篇有关分析机的法语论文翻译成英文，并把自己的想法补充了进去。在阿达研究分析机的笔记中，记录了给机器编写程序的各种方案。有人认为，这些笔记便是世界上最早的计算机算法——这也就意味着，阿达是世界上首位公认的计算机程序员。

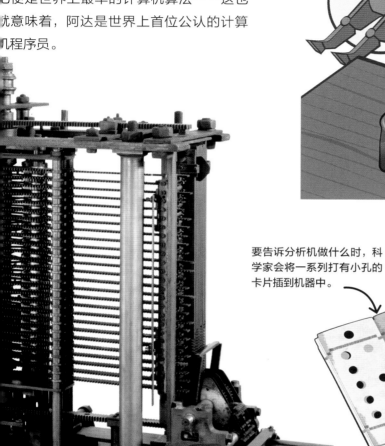

要告诉分析机做什么时，科学家会将一系列打有小孔的卡片插到机器中。

早年生活

阿达在很小时便颇有科学见地。她在 12 岁时写给母亲的信中，说自己想要造出一匹机械飞马。她描述的机械飞马拥有一对巨型翅膀，那力量足以让它驮着一个人飞翔！

灵感

阿达对分析机的研究深深地启发了后来的程序员。早期计算机的设计者艾伦·图灵，曾在 100 多年后著文提及阿达笔记的贡献。为了纪念阿达，人们将每年十月的第二个星期二定为"阿达·洛芙莱斯日"。

纸片像素

看看你的屏幕，组成它的是数不胜数的方形有色光点，这些极其微小的方块名叫像素。如果你在电脑上把一张图放大了看，会发现它其实也是由许许多多单一颜色的小方块组合而成的。接下来我们按照步骤，用纸来做一个像素图像吧！

① 取两张颜色不同、大小一致的正方形彩纸，用尺子在上面画出8×8个正方形小网格。这里用的是绿纸和黄纸。

② 沿着线，用安全剪刀将一个个小方块剪下来。瞧，这些就是你的"纸片像素"，黄的有64个，绿的也有64个。

③ 再取一张白纸，尺寸要跟那两张彩纸一样。在白纸上也画出8×8个正方形小网格，但这次不需要剪下来。

4 按照右边的说明将网格填满，就会有一幅神秘画作出现在你眼前！你得在每行每列的边上标记代码：字母会告诉你该找哪一列，而数字则会告诉你该找哪一行。这样才能找准纸片像素的位置，不容易出错。找准位置后，用胶棒将"像素"粘上。

说明

请你用纸片像素将以下方格填满：

黄色纸片：B5, C6, D7, E6, F5

绿色纸片：A4, B3, B4, C2, C3, C4, C5, D3, D4, D5, D6, E2, E3, E4, E5, F3, F4, G5, G6, H6

"寻宝" 游戏程序

一个程序其实就是一种算法，或者说是一套指令——只不过写这套指令时我们所用的是能让机器读懂的专用代码。你也可以编出一套属于自己的代码，用它写个程序，帮好朋友把藏起来的小物件找出来吧！

敲定这套代码后，让你的朋友把眼睛遮住，或者暂时离开你所在的屋子。

2

1

第一步，你和朋友应该预先设定一套代码。这套代码总共包含 5~10 个符号，囊括了"寻宝"过程中的一举一动。用什么来做代码都行，只要你们一看见它们，就能想起代码的含义——比如说，你们可以考虑用一个箭头来表示"向前一步"。你们也可以用下面这些代码符号：

蹲下

向下看

R

向右转

往前走三步

捡起来

L

向左转

翻到第86页 学习如何用这个本领来编程

3 把准备好的小物件藏在屋里，但可别忘记藏在哪儿了，因为接下来你需要用那套代码符号"下指令"，引导朋友找到它们。

4 首先选一个出发点，然后用设定好的代码符号写一套程序出来，好让你的朋友执行。有些具体的细节，比如朋友该走多少步，或者向左转还是向右转等，需要你身体力行地提前去做一遍。

5 现在让朋友站在出发点，把你写好的程序给他，然后看着他走就行啦！怎么样，你的代码管用吗？他最后找到了几个小物件？

19

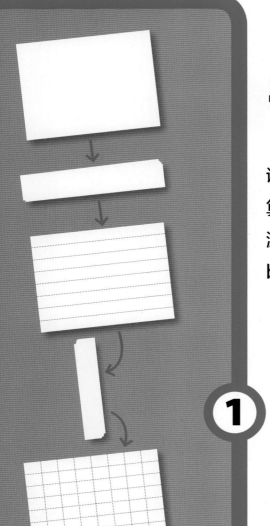

帮鲨鱼调试

调试纠错是编码工作中非常重要的环节。要知道，程序员将算法编译成代码时，难免会有错误产生。在接下来的这个游戏中，你将学会从画鲨鱼的指令中找出错误（"小虫"bug），然后校正它（也可以说"除虫"）。

① 如图所示，将纸的长边连续对折三次后展开。接下来，将纸的短边连续对折三次展开。现在折痕在纸上构成了网格，我们开始行动吧！

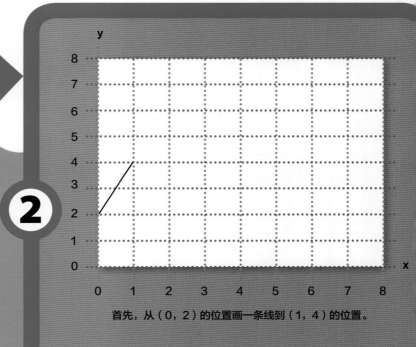

② 这个游戏通过画线把两点连接起来，我们需要先给每条折痕编上数字，这样你才知道该往哪里画。我们把长边当作 x 轴，短边当作 y 轴。接下来以（0，2）的位置为起点开始——也就是 x 轴上 0 所在竖线和 y 轴上 2 所在横线相交的点。

首先，从（0，2）的位置画一条线到（1，4）的位置。

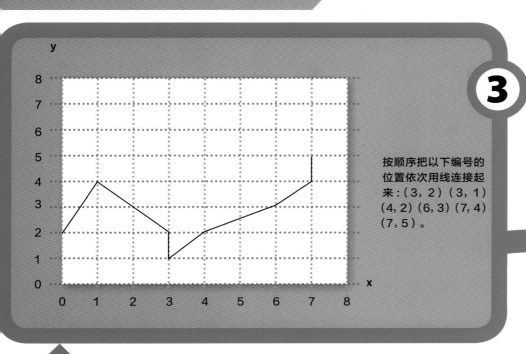

3 按照指令画线，你会看到鲨鱼的轮廓开始慢慢浮现。

按顺序把以下编号的位置依次用线连接起来：（3，2）（3，1）（4，2）（6，3）（7，4）（7，5）。

哦不！指令说明中一定有哪里出了错，你能把错误找出来并改正吗？这样大鲨鱼才能出现呀！

要是搞不清错误究竟藏在哪里，不妨看看左下角这条大鲨鱼，想一想你该如何改变指令，才能让线条连出跟它一样的形状来。

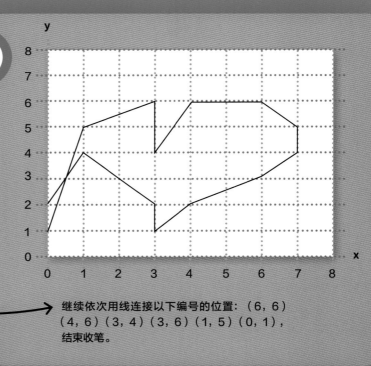

4

继续依次用线连接以下编号的位置：（6，6）（4，6）（3，4）（3，6）（1，5）（0，1），结束收笔。

等你给大鲨鱼纠完错、"除了虫"，就可以给它涂上颜色了。记得给它添上眼睛、鳃裂、牙齿等细节！

5

翻到第 135 页，检查一下你做得对不对吧！

把碗和木勺交给一位朋友，让他负责敲"鼓"。 **2**

如果还能找来一位朋友负责唱歌就更好了。当然，一人身兼两职，边演奏"乐器"边唱歌也不错。

3

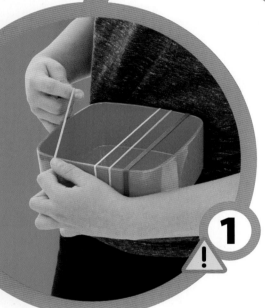

把橡皮圈抻开套在塑料饭盒上。注意别套得太紧，这样你才容易抓扯橡皮圈让它发出响声；当然也别套得太松，不然它会掉下来。 **1**

循环乐队

在所有程序设计中，循环是最能干的一个。假如没有循环，每用一套代码你就得从头到尾写上一遍——即便是完全相同的事情，想要让程序做 100 遍的话，你就得将代码重复写上 100 遍！而用循环就大为不同了。只要你给指令添加一个指定运行次数的循环，想让它重复多少次就能重复多少次，你还可以利用循环来作曲呢！

两把木勺　　　梳子（可有可无）

翻到第90页 学习如何用这个本领来编程

4

如左图所示，每个乐器都将拥有一套专属指令。紧挨着它们的循环框会显示这套指令将重复几遍。

重复3次

- 敲击
- 停顿
- 敲击
- 停顿

5

按照下面这些循环一起演奏一下吧！乐队成员的节奏要保持一致，你们各自四个拍子中的哪一拍都要合得上——进行得怎么样？当然，你们还可以改动循环中的指令，创作出新的音乐作品！

循环框中的指令重复运行 3 次后才会结束。

重复3次

- 唱"啦啦啦"
- 唱"啦啦"
- 唱"啦啦"
- 唱"啦啦"

重复3次

- 敲击
- 敲击
- 敲击
- 停顿

重复3次

- 弹拨
- 停顿
- 弹拨
- 停顿

23

1 把下方这个图形轮廓描下来，或者复印到一些空白的纸张上。

2 取其中一张放在眼前，观察这个图形，你想到了什么？用彩铅或水彩笔给它添上各种细节，好让它能跟你想到的东西越来越像。

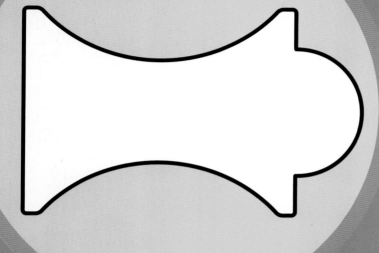

创意轮廓

创意就是想出的各种点子。解决问题的时候，创造性思维是非常有用的。有些人会觉得自己缺乏创意，其实他们缺的不是创意，而是多多的练习！接下来这个游戏会教你一些小妙招，让你创意满满。

翻到第92页 学习如何用这个本领来编程

5

想想你昨天看过什么，用过什么？试着给这个图形添些什么，让它变成你回忆里的那个东西。你能用这一个简单的图形创造出多少种不同的设计？

3

再取一张，调整纸张角度，让横着的图形竖起来。现在你觉得它像什么？可以给它添加一些细节，好让你想象中的画面更加清晰。

4

取出第三张。它看上去不像什么？能不能给它添些什么，让它从"不像"变成"像"？

举一反三

想一个你平日里会用到的物件，比如晾衣架等，然后在一分钟之内将它的诸多用途写出来，能想出多少就写多少。不一定只限于它本来的用途——让你的创意驰骋起来吧！

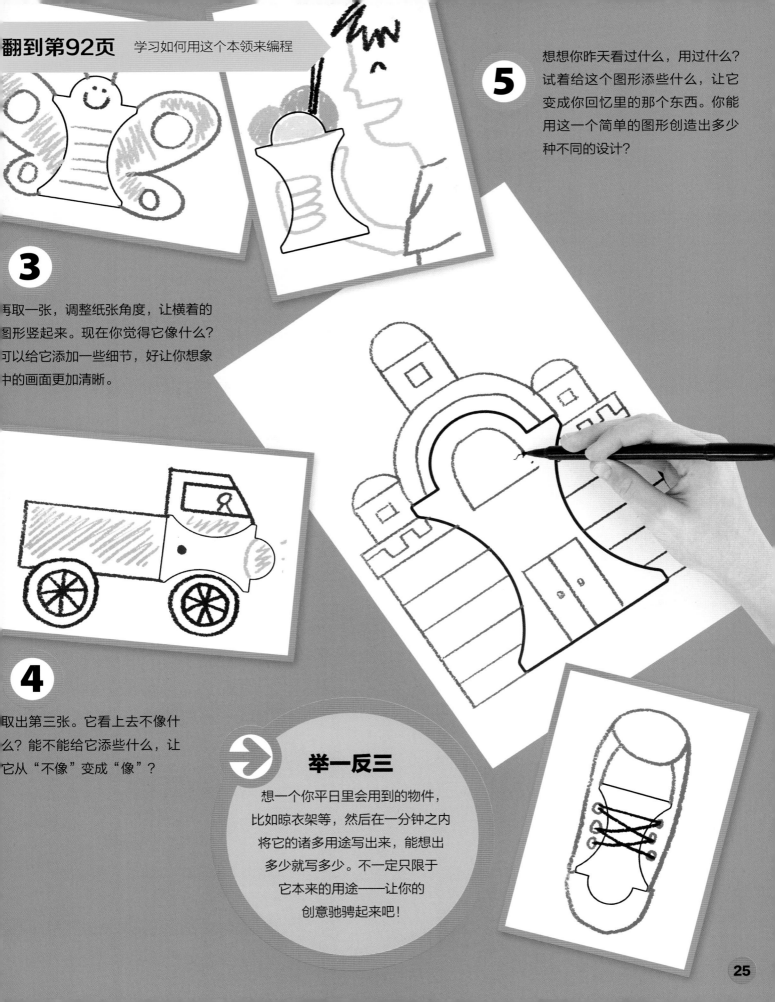

游戏

有些人决定学习编程，是因为他们想开发制作游戏。计算机游戏充满乐趣，而且特别受大家欢迎。你可以一个人玩计算机游戏，也可以跟朋友一起玩。为了让游戏体验更贴近现实生活，且让用户更容易操作，程序员投入了大量的精力和时间。

虚拟现实

在虚拟现实（VR）游戏中，你进入了一个虚拟世界。头戴式眼镜设备会让你产生置身于游戏场景中的错觉。在增强现实（AR）游戏中，则能够把能和你互动的虚拟物体融合在现实环境中。

有些线上游戏需要征得大人的同意后才可以玩。

有些游戏控制器会让你觉得自己正在演奏乐器。

特别的游戏控制器

为了让玩家更好地投入游戏，有些游戏控制器会设计得十分独特，比如将它设计成乐器、球拍、方向盘等，甚至是魔杖。

移动游戏

所谓"移动游戏"，就是你在任何地方都能玩的游戏。以前人们只有掌上游戏机，而今天在智能手机上就能玩移动游戏。一般来说，移动游戏操作简单，在各年龄段人群中深受欢迎。

线上游戏

线上游戏离不开网络连接。有些游戏自己一个人就能玩，而有些游戏则需要更多玩家一起玩。很多线上游戏还可以做到让你和世界各地的数百个玩家一起玩。

游戏机

游戏机是经过专门设计，用来操控游戏的特制计算机。像索尼PS游戏机（Sony PlayStation）、任天堂 Switch（Nintendo Switch），以及微软 Xbox（Microsoft Xbox）等，都是风靡一时的流行游戏机。游戏开发者设计制作了很多游戏，专供游戏机玩家使用。有的游戏机非常复杂，甚至配备了特殊控制器。

合作创作画作

程序员的工作往往离不开团队合作。跟别人一起完成工作项目，我们称为"合作"。有些事情，单靠自己往往想不出主意；如果大家合作，问题就会迎刃而解。那么试着跟朋友画幅人物画吧，看看你们能想出什么别具一格的点子来！

1

如图所示，在游戏开始前，将一张纸的长边对折后再对折（两次对折都是朝着同一个方向）。然后将纸展开，这样纸就被分成了四个一模一样的长方形。

2

在第一个长方形的位置把头部画出来。注意，先别给朋友看！将脖子画过第一道折痕，好让下一位小画家接着你画的头部，继续画躯干部分。然后将你的画作折回背面藏起来，把纸传给下一个人。

每位小画家收笔时，都需要从折痕上画过去一点儿，这样下一个人才知道从哪里起笔最合适。

记得把每个完成的部分都折到背面哟！不到最后一刻，其他小画家根本不知道你画了什么。

举一反三

除画画之外，还可以合作完成什么事呢？共同创作一个故事怎么样？先写好故事的第一段，然后传给下一个朋友续写，看看照此写下去，能写出怎样的故事！

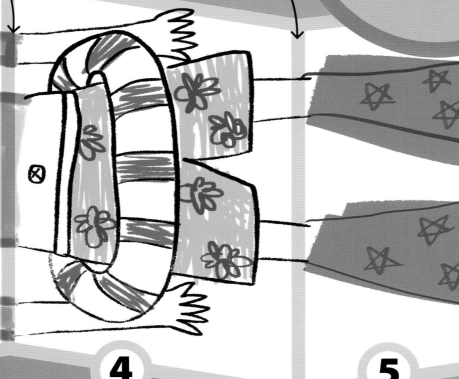

3

接下来这位小画家应该画的是躯干的上半部分。躯干和胳膊的线条，这次也要记得从折痕上画过去一些，因为这部分画完以后也要折到背面盖起来，好让下一位小画家从折痕处接着画。

4

从哪里接着画呢？就从第二位画家中断的地方开始吧。对了，还得帮忙添上双手和屁股。同样，这次两条腿也得从折痕上画过去一些。

5

画完双腿和双脚后，整幅画便大功告成啦。等最后一位小画家收笔，你们就可以展开纸张，看看大家一起创作出了什么！

各守其恒，各有一套

所谓"世上无难事"，该怎么理解呢？如果你能一遍又一遍地坚持尝试，勤加练习，迟早会把事情做对，那么"难事"也将变得"不难"。在一次次失败中努力着，在一次次努力中把事情做成——这股子毅力和执着的劲头，学编程的时候也必不可少。

3 两只手同时互换手势。

数到三之后，立刻变换左右手的手势。

2 数到三。

你指向前方的这只手，大拇指竖起来没有？可不要竖起来哦！

1 左手竖起大拇指，右手则指向前方。

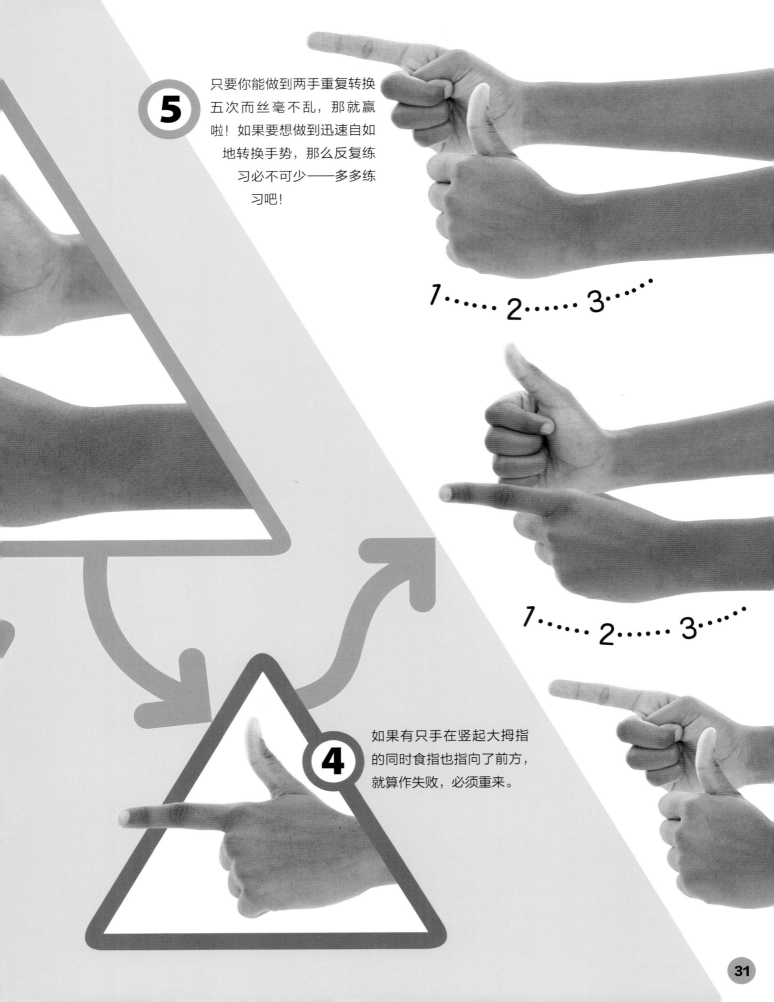

5 只要你能做到两手重复转换五次而丝毫不乱，那就赢啦！如果要想做到迅速自如地转换手势，那么反复练习必不可少——多多练习吧！

1······ 2······ 3······

1······ 2······ 3······

4 如果有只手在竖起大拇指的同时食指也指向了前方，就算作失败，必须重来。

一问一答看条件

看一句话的表述是真是假，我们可以用一段叫"条件语句"的代码来查验。当你看到条件语句时，其实就是程序在请你回答一个"是"或"不是"的问题。如果你回答"是"，语句的表述便是"真"。在接下来的这个游戏中，想搞明白好朋友究竟选了什么神秘对象吗？用条件语句筛出答案吧！

现在说句表述性的话，来向朋友发问吧。朋友可能会将这句表述判定为"是"或"不是"，而你的目的只有一个，那就是搞清楚朋友到底选了什么。

3

是有生命的吗？

1 先跟朋友一起选定问答对象的类型。你们可以选植物、动物，也可以选名人。

嗯……好啦，我选好了。

2 确定类型后，让你的朋友从中选定某人或某物——具体选了谁或什么事物，朋友自己知道就好，不要告诉你！

"如果那么否则"之舞

有一种条件语句叫"如果那么否则"。在程序设计中，这种条件语句有个特点：如果说某物是"真"，运行的是一套代码；如果该物是"假"，运行的便是另一套代码。我们跳的这段"如果那么否则"之舞，舞蹈动作的变化取决于时间、日期和天气。那么表述时间、日期和天气条件的语句是"真"还是"假"呢？我们一起来看看。

如果是星期一到星期五的任意一天，你可以先将图中左边的舞蹈动作排除，只看右边的；如果是星期六或星期日，你就先将右边的舞蹈动作排除，只看左边的。

🕐 如果时间是上午。

如右图所示，如果此时是"上午"，就锁定上半张图；如果不是，则只看下半张图即可。

今天是星期几？如果是工作日，就锁定右半张图；如果不是，则只看左半张图即可。

今天是晴天吗？如果是，就倒序跳舞！如果不是，就按照顺序从头跳到尾。

①

想把这套舞跳得准确无误，得先查验不少表述语句呢！你需要知道此时此刻的时间，需要知道今天是星期几，还得知道今天的天气如何——把这些都搞清楚了，你才会知道自己该跳哪段舞。

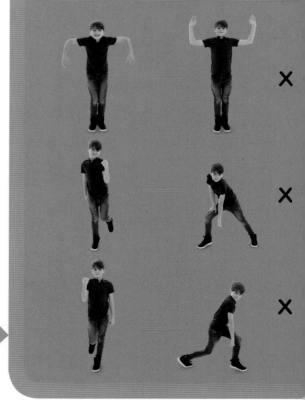

如果今天是工作日。

2 例如，此时此刻正值星期一上午 8:00。因为是早上，所以我们只看上半张图就可以了；又因为是工作日，所以最终选定的应该是右上方这套舞蹈动作。

3 再来查验一下天气条件。如果不是晴天，就按照顺序从头跳到尾；如果是晴天，则倒序完成舞蹈动作。比如说，在下着雨的星期一早上，你会怎么跳舞呢？参考上边这张图！

艾伦·图灵

数学家·生于1912年·英国人

艾伦·图灵被公认为计算机科学之父。他喜欢研究数字，对解决数学问题极感兴趣。在第二次世界大战中，图灵研究、破译出德军的通信代码，功不可没。

图灵机

图灵在英国剑桥大学学习数学。毕业后，他提出了"图灵机"的概念，用一条无限长的纸带、一套程序来解决数学问题。虽然图灵机只是一台假想的机器，但图灵认为这个简单的模型能解决任何问题——现代计算机能解决的，它都能！

"将你一军！"

图灵编写了 Turochamp（一个国际象棋程序），这是世界上第一个能跟人类对弈的程序。只可惜当时还没有能运行这个程序的计算机，图灵只好自己来充当"人形计算机"：用一支笔和一张纸来运行它！

破译密码

在第二次世界大战期间，图灵曾参与设备 Bombe 的设计制造，这种设备在当时肩负着破译德军恩尼格玛密码机密码的重任。正因为图灵破译了敌军的信息，盟军才获得了战争的胜利。

Bombe 会对诸多字母间可能存在的组合——加以查验，进而破译德军信息。

人工智能

怎样测试一台机器到底有多智能？图灵在论文中曾提出这样一种测试手段：让发问人在看不见对方是人还是机器的前提下提出各种问题，两个被测试对象——一个人和一台计算机则负责作答。最终，请发问人判断回答者是人还是机器。这个测试便是著名的"图灵测试"。

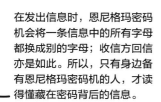

在发出信息时，恩尼格玛密码机会将一条信息中的所有字母都换成别的字母；收信方回信亦是如此。所以，只有身边备有恩尼格玛密码机的人，才读得懂藏在密码背后的信息。

气球"事件"

在程序设计中，有些动作会中断运行中的程序，促成新状况的出现，我们管这类动作叫"事件"。比如你在玩电子游戏时，游戏中的主要角色被流星击中了，此刻你若想改变自己在游戏里的得分，就得搞出个"事件"来！在接下来这个游戏中我们会用到球，猜猜看，你的朋友的反应动作匹配哪个"事件"。

不管是谁，只要是负责摆弄气球的人（甲），就应该不断地尝试各种各样的摆弄方法，好看看什么气球"事件"能引发另一个人做出相应的反应动作。下边这些摆弄气球的方法，都可以用作气球"事件"试一试：

摇晃气球

让气球下落

拥抱气球

用手戳气球

而负责做动作的人（乙）则要做到心中有数：每当某一气球"事件"出现，相应地，自己该做出什么动作来呢？要让各种各样的气球"事件"，都有动作与它相匹配。下边这些动作示例，不妨一试：

马上跑

鼓掌

挥手

跳跃

① 首先决定谁负责摆弄气球、谁负责做出动作。那么，游戏的目的是什么呢？就是让摆弄气球的人（甲）弄清楚：另一个人（乙）做出的相应动作，究竟是自己摆弄出的哪个气球"事件"引发的。

游戏就从甲用气球摆弄出各种各样的"事件"开始啦。一旦看到有气球"事件"跟自己事先设想的反应动作相匹配，乙就立刻将这个动作做出来。比如，甲拥抱气球，可能会引得乙鼓掌。

②

38

3 每当甲搞清楚一次气球"事件"在乙那里所对应的动作，就可以继续下一个"事件"了。

要是甲觉得自己搞明白了一对对应关联，不妨试着重新摆弄一遍，看看乙是不是会做出同样的反应动作。

甲可以不断摆弄出各种各样的气球"事件"，看看乙都会做出什么反应动作。如果你将气球抛向空中，你的朋友会做何反应呢？

4

5 一旦摆弄气球的甲摸清了所有"事件－动作"的对应关联，你们就可以互换角色接着玩啦！

你需要准备： 围裙　　两个搅拌碗　　餐刀 水壶

材料：　225克（约8盎司）面粉　　少许盐　　50克（约2盎司）黄油　　50克（约2盎司）奶酪

"输入／输出"食谱

所谓"输入"，就是你向一台计算机提供信息，比如你敲击键盘打字形成文本，就是一种"输入"；而"输出"，则是计算机向你提供信息，比如屏幕上显示出来的内容就是一种"输出"。在下面这个食谱中，你可以用不同的材料（"输入"）制作出两种不一样的美味烤饼（"输出"）！

请大人帮忙将烤箱预热到220℃。然后将面粉、盐和黄油倒进一个搅拌碗里。需要用餐刀小心地把黄油切成小块。

用手将黄油揉搓进面粉中，直到碗里的混合物看上去像面包碎屑。接下来，取出一半混合物放入另一个碗里。从这里开始，我们将向两个碗里"输入"不同的材料。

不同的"输入"将带给你两种不一样的烤饼，各有各的色香味！

如果混合物太过湿润，可以再加进去一点点面粉。

3

在一个碗里加入奶酪碎——用来做奶酪烤饼。

在另一个碗里加入糖和葡萄干——用来做水果烤饼。

4

向奶酪混合物中加入半份牛奶……

剩下那一半牛奶则加到水果混合物中。搅拌两个碗中的混合物，好让材料充分混合在一起。

用双手揉捏两团混合物，让它们变成柔软的生面团。用擀面杖（或者用双手也行）将面团擀平，使每个面饼的厚度约有 2 厘米（约 1 英寸）。

用直径为 6 厘米（或者 2 英寸）的点心切模从面饼上切出烤饼的形状。每个面团至少可以切出 6 个烤饼。

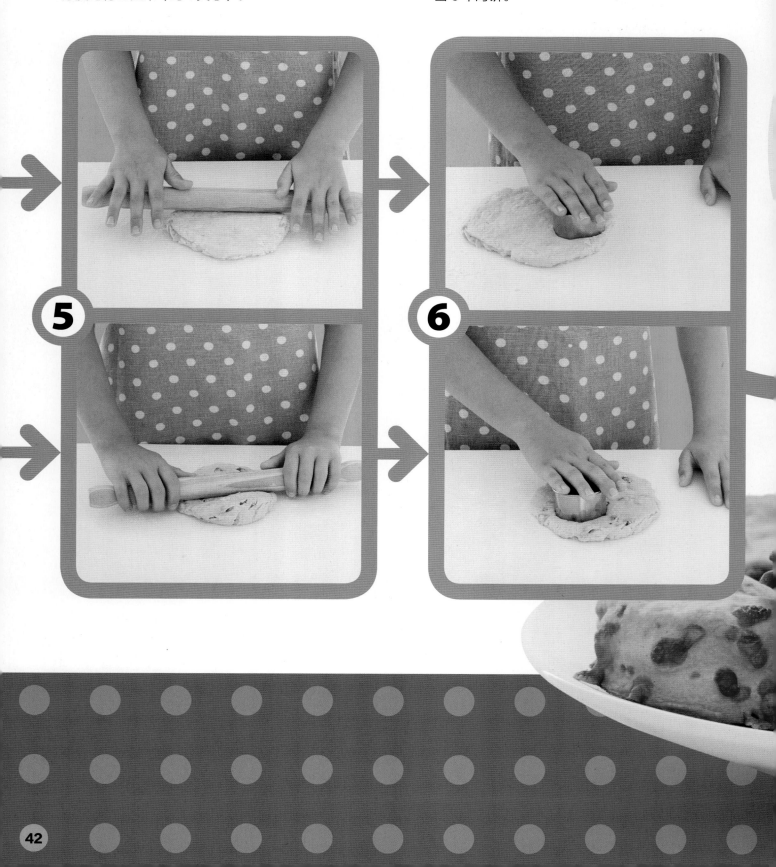

7 ⚠️ 先在烤盘上将烤饼一个个间隔开摆好，然后用烘焙刷在烤饼表面刷上牛奶。请大人将它们放进烤箱烘焙 12~15 分钟，直到烤饼在烤箱里渐渐变成黄灿灿的颜色。

8 等它们冷却下来，你就可以享用这美味的烤饼了！吃的时候你有没有发现，由于"输入"材料不同，最后"输出"的烤饼也不一样呢！

计算机硬件

在一台计算机中，凡是你能实实在在摸到的部件都叫硬件。大多数计算机硬件（比如键盘）都会有一小段名为驱动程序的代码，它们能帮计算机了解这些硬件有什么作用。各种各样的硬件，有的能用于输入或输出信息，有的能帮助计算机运行。

计算机

计算机是由各种各样的硬件组装而成的一种机器。这些硬件有些你一眼就看得见，有些只有在计算机内部才找得到。个人电脑（PC）是我们平日里常见的一种计算机，许多其他设备，比如智能手机，也是一种计算机。

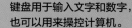

键盘用于输入文字和数字，也可以用来操控计算机。

中央处理器

中央处理器（CPU）就像是计算机的大脑，所有最重要的事项安排都由它来决定。中央处理器负责发送、接收信息，进行运算，还会执行指令。

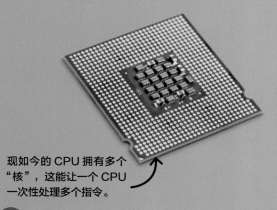

现如今的 CPU 拥有多个"核"，这能让一个 CPU 一次性处理多个指令。

显卡

显示器上图片和图像的显示，离不开显卡控制下的复杂运算。有些显卡拥有自己的图形处理器（GPU），这有助于减少中央处理器（CPU）的工作量。

显卡直接与主板相连。

随机存取存储器（RAM）

RAM 是 random acc memory 的首字母缩写。央处理器使用率接近 100%时候，计算机依然能凭借存取存储器闪电般的存储将信息保存起来。

信息被存储在名为存储芯片的微小设备上。

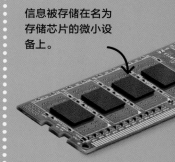

显示器，也叫屏幕，让你能看到正在发生的事。

扬声器将音频信号转化成声音。

鼠标让你跟计算机交流互动。

计算机是怎样工作的？

计算机从用户或传感器那里接收"输入"的信息指令后，会对其进行加工处理——这个过程通常由中央处理器（CPU）来完成。接着，计算机会将结果存储到内存中，或者将结果输出。

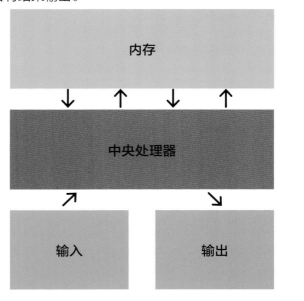

内存

中央处理器

输入　　输出

硬盘驱动器

硬盘驱动器是负责存储信息的计算机部件。有些硬盘驱动器内部带有旋转式碟片，而有些硬盘驱动器则更像是一个大容量的随机存取存储器。

随机存取存储器也是直接跟主板相连。

这个硬盘驱动器将数据保存在磁盘上。

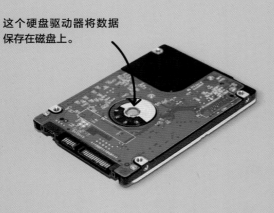

主板

计算机中有个硬件能将所有部件连接在一起，它就是主板。主板是计算机里诸多卡片、芯片以及电缆的主要连接点。

有些主板上还带有风扇，用来给中央处理器散热降温。

这些插槽可以帮你连接上其他设备。

猫捉老鼠大碰撞！

在编码中，当两个或者更多的物体相接触时，就会发生所谓的"碰撞"。在电子游戏中，正是由于"碰撞"，角色们才可以得到目标物；也正是由于"碰撞"，你的鼠标光标一旦触碰屏幕边缘，就会停止移动。在接下来这个游戏中，记住千万不要跟捉你的人"碰撞"，不然你就一动不能动啦！

一旦有"老鼠"被"猫"捉到，或者"碰撞"到，就乖乖举起两只胳膊，站在原地不动。

2

注意，追赶嬉闹时出手要轻柔，你可不想伤害到朋友，是吧？

1

首先要选好游戏区域——是在房间里还是在花园中找一块地方，你们来定。然后选出一个人当"猫"，让他／她在中央位置站好；其他人则分散站在一旁当"老鼠"。当"猫"喊开始后，"老鼠"们立刻向四周跑去，不要让猫捉到。

开始！

如果这时能有同伴跑过来摸摸这只"老鼠"的肩膀帮他 / 她解冻，那么他 / 她便可以重获自由，继续跑。

3

等到所有"老鼠"都站在原地动弹不得时，游戏便结束。

4

"变量" 彩纸链

在一个程序中，某些环节会随变量而发生变化，即便程序正在运行。而你需要做的就是选择合适的词语，对你认为有必要变化的个别环节加以操控——而这个词语正是你的"变量"。

剪出纸条的长度：
dieRoll+12厘米（约5英寸）

用胶带将纸条粘合成圆环

重复15次

剪出新纸条：dieRoll+12
厘米（约5英寸）

让纸条穿过彩纸链尾端的最后一环，
然后用胶带粘合成圆环

变量算法

左图的算法一目了然，它可以告诉你大大小小的纸条是如何连成彩纸链的。在这个算法中，包含一个叫作"dieRoll（扔骰子）"的变量。你每见到它一次，便掷一次骰子，然后将掷出来的数值填在这个变量位置上。渐渐地，你会发现，每次掷骰子得出的数值未必相同，算法会随着这个数值的变化而变化。

第一步，取一张 A4 纸，沿着长边将它裁成纸条，每个纸条的宽度约 3 厘米（约 1 英寸）。你还可以用五颜六色的彩纸来做。

1

翻到第108页 学习如何用这个本领来编程

3

按照算法的指令一路操作下来，直到把第 16 个纸环做完。每当把新纸条穿过彩纸链尾端的纸环，然后用胶带把它粘合，彩纸链上就会增添新的一环。

2

现在，按照第 48 页的那套算法来穿纸链吧。取第一张纸条，掷骰子看数值，然后让这个数与 12 厘米（约 5 英寸）相加，得出的数便是纸条该剪出来的长度。举个例子，如果掷骰子得出的数字是 5，那么你就应该剪出 17 厘米（约 7 英寸）长的纸条。然后用胶带把第一个纸条粘成一个圆环。接下来，将循环指令块中的指令重复 15 次，让纸条一环套一环连成彩纸链。

4

等到你按照指令将整个算法从头到尾操作一遍之后，属于你的变量彩纸链就大功告成啦！

由于算法中变量的存在，每次你按照算法指令操作，几乎都会得出不一样的纸环。环环相扣后，彩纸链自然也就与众不同。

49

"函数" 预言家

先编排好一套指令，再冠之以名，那么这套指令便是一个函数。函数的妙处在于你只需将诸多代码编排好一次，就可以一遍又一遍地重复使用它！不信？那我们就用下边这个函数制作一张能预言未来的折纸，来回答你的问题吧！

折纸算法

要制作出一张能预言未来的折纸，你需要按照下边这套算法来做。算法中的那个函数你认出来了吗？不妨再将那套函数指令回顾一遍，看看都有哪些该做的。

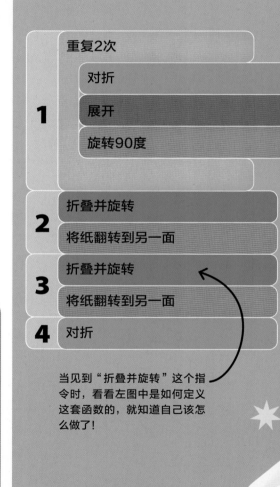

1
重复2次
> 对折
> 展开
> 旋转90度

2
折叠并旋转
将纸翻转到另一面

3
折叠并旋转
将纸翻转到另一面

4 对折

当见到"折叠并旋转"这个指令时，看看左图中是如何定义这套函数的，就知道自己该怎么做了！

折叠函数

这个函数会告诉你：先将正方形纸的一角向中心处折，然后再把整张纸旋转 90 度。下图外侧指令块里的那个"重复"，是让你将上述动作重复做 4 遍。

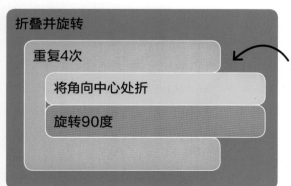

折叠并旋转
> 重复4次
> > 将角向中心处折
> > 旋转90度

折叠并旋转

这套指令便是你的函数，名叫"折叠并旋转"。

每当你想运行上述这一整套指令，用这个指令块即可。

学习如何用这个
本领来编程

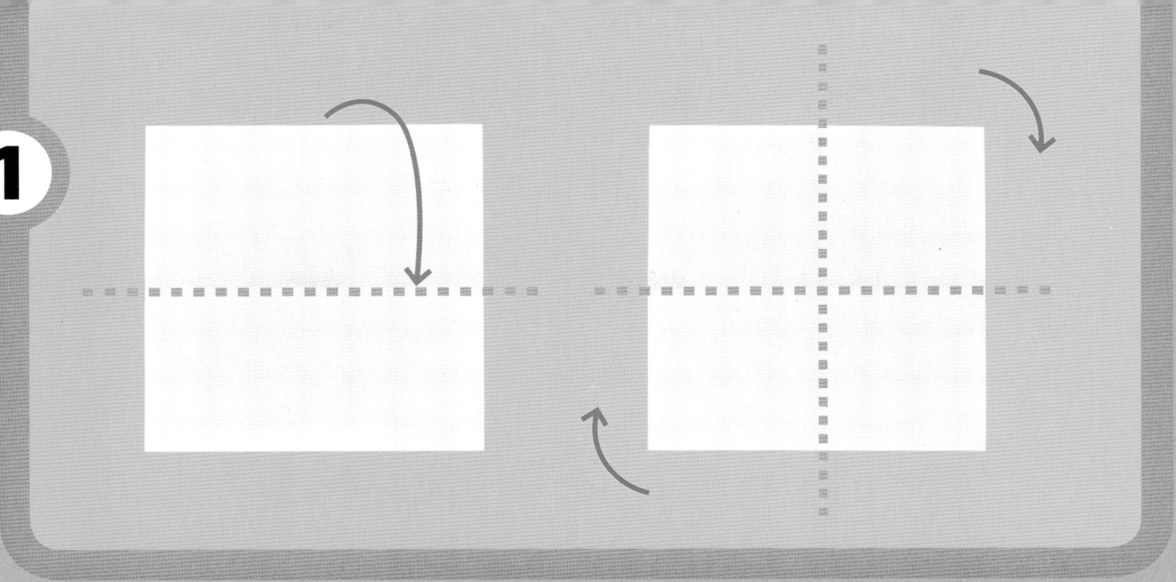

1

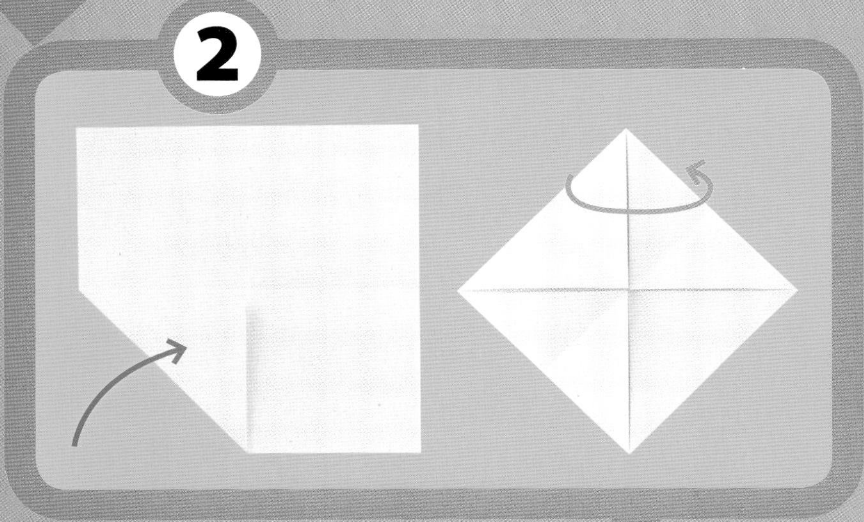

2

3

按照算法折好后，如图所示，将双手的拇指和食指插入折出来的小方块下方，再向中间推挤，就能制作出一个"预言家"了。

4

翻到下一页，看看"预言家"究竟是如何预测未来的。

"预言家"都会说些什么?

按照下列说明,在这张纸上将颜色涂好,并且该写的都写好。你看,内侧三角形上的那些答案,将会为你答疑解惑。

四角上的小正方形,应该涂上不同的醒目颜色。

在紧邻这四个小正方形的三角形中,写上数字1~8。

写好数字后,在紧挨着这些数字的三角形中,写下对未来事件的预测!

"预言家"怎样预测未来?

现在苦差事总算忙完了,是时候来点儿有趣的了!找一位朋友,然后按照以下步骤操作"预言家",让它来帮你的朋友预测一下未来运气如何。这就像是一个运势算法!

1 先让你的朋友想出一个回答"是或非"的问题,然后让他/她从"预言家"外露的四种颜色中选一种。

2 你将他/她所选颜色对应的单词字母一个一个拼读出来,每拼读一个字母,食指和拇指便或前后或左右地开/合一次"预言家",时开时合,如此反复,直到拼读完最后一个字母时停住。

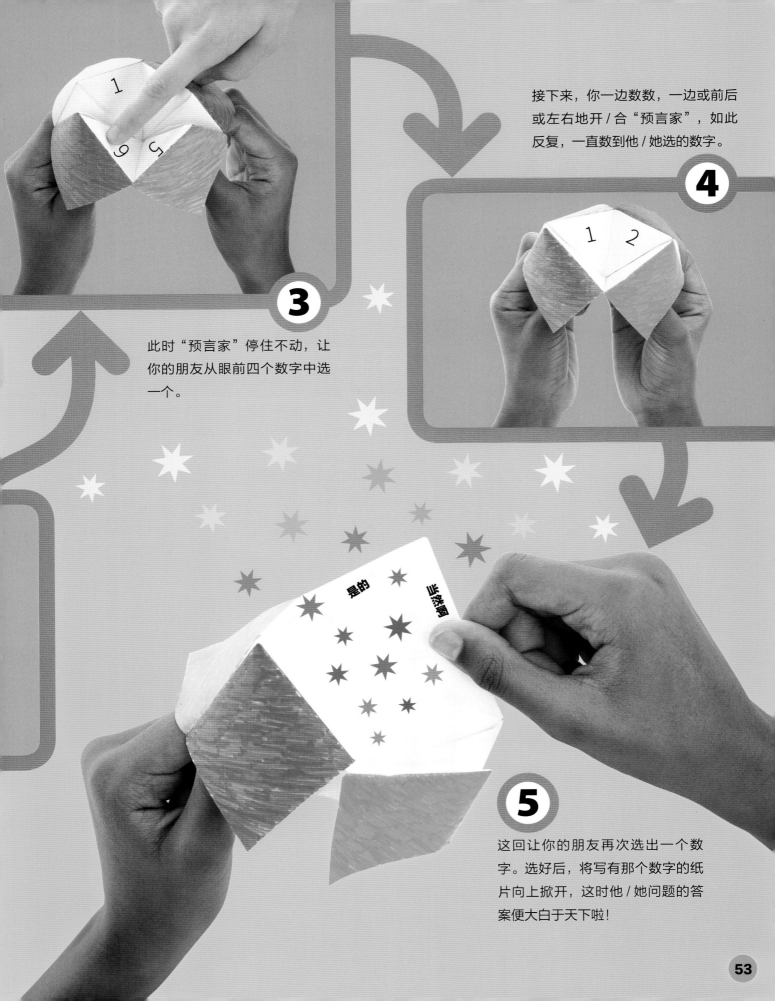

接下来，你一边数数，一边或前后
或左右地开 / 合"预言家"，如此
反复，一直数到他 / 她选的数字。

4

3

此时"预言家"停住不动，让
你的朋友从眼前四个数字中选
一个。

5

这回让你的朋友再次选出一个数
字。选好后，将写有那个数字的纸
片向上掀开，这时他 / 她问题的答
案便大白于天下啦！

凯瑟琳·约翰逊

数学家·生于1918年·美国人

约翰逊是一位杰出的数学家，美国早期宇宙飞船飞行轨迹的分析，离不开她高超的运算技能。她曾在美国太空总署国家航空咨询委员会（NACA）工作，而该委员会正是美国国家航空航天局（NASA）的前身。凭着才华与执着的干劲儿，约翰逊成为最早获准参与美国政府机密会议的女性之一。

1962 年 2 月 20 日，约翰·格伦乘坐"友谊 7 号"宇宙飞船进入太空。

发射升空！

1962 年，约翰·格伦成为世界上第一位绕地球轨道飞行的宇航员。他乘坐的宇宙飞船，其运行轨迹是由电子计算机计算设计出来的，可约翰·格伦不放心，还是请约翰逊对那些数据又做了一遍人工核验。

"人形计算机"

在数字计算机问世之前，"computer"这个单词指的不是机器，而是计算员一类的职位——约翰逊做的便是这项工作。她的大脑简直就像一台人形计算机，不靠键盘，单靠纸笔，便能解决棘手的精密运算问题。

登陆月球

约翰逊的运算极其精确，虽然有昂贵的电子计算机，美国国家航空航天局还会经常让她人工核验机器的计算结果。1969 年，"阿波罗 11 号"成功登月，人类宇航员在月亮上的行走首秀吸引了全世界的目光，殊不知约翰逊在这次任务中同样功不可没。

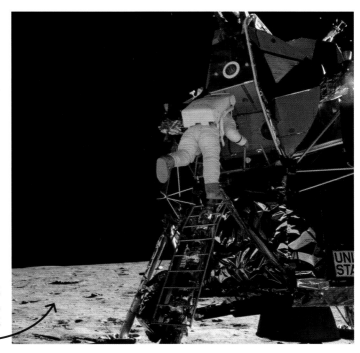

继尼尔·阿姆斯特朗之后，巴兹·奥尔德林成了第二个在月球上行走的宇航员。阿姆斯特朗为他拍下了这张照片。

数东数西数一切

当约翰逊还是个小孩子时，就对数字表现出超凡的敏感性。她什么都数，比如在厨房里洗的杯盘碗碟，她要数一数；走路时走了多少步，她也要数一数。对约翰逊而言，数学是再亲切不过的一门课，以至于她上学后接连跳了好几级！

参数路径

如果是在不同地方将同一件事重复做上好多遍，函数的确可以助你一臂之力。可若是不完全一样却又类似的事情，又该怎么办呢？这时就会用到"参数"。接下来，就请"参数"出场，帮我们走出迷宫吧。

什么是参数？

当你定义函数时，其中有些信息需要你自己额外提供，这类信息就叫作参数。举个例子，为了让程序中的角色向右转身并前进，你编排出了一套函数对它进行操控。可是，角色究竟要走多远呢？这就要看函数中的参数是如何设定的了。

> 向右转（参数）

① 取一张纸和一支铅笔，然后看一下右边这套算法。想在下图的迷宫里行走自如吗？指令块虽告诉了你该往哪个方向走，但没有告诉你应朝着该方向走出几步。要想从起点顺利走到红叉处，你能自己写出每一步走出的方格数（或者说"参数"）吗？试试看。

最开始的两步示例已经帮你写好啦。

> 往右走（2）
> 往下走（3）
> 重复2次
> 　往左走（？）
> 　往下走（？）
>
> 往左走（？）
> 往上走（？）
> 往左走（？）
> 往上走（？）
> 往右走（？）
> 往下走（？）
> 往左走（？）

从这里出发。

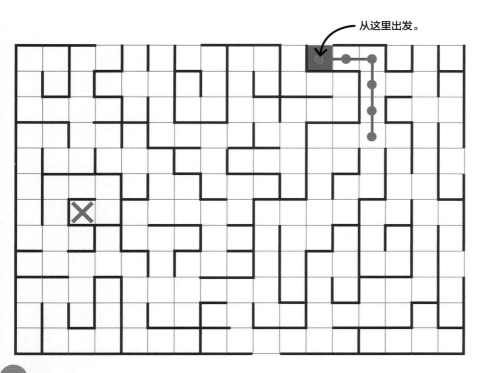

2 接下来，再试试完成下边这套算法，用它来挑战一下更难走的迷宫。发现没有？凡是相同的方向，指令块的颜色也相同。最后的结果如何，你可以翻到第 135 页查验。

起点

往下走（？）

往左走（？）

往下走（？）

往右走（？）

重复？次

　往下走（？）

　往右走（？）

往下走（？）

往右走（？）

往上走（？）

记住哟，这种循环指令块中的多个指令，可以重复运行好几次呢。

举一反三

如果在迷宫里给叉叉找个新位置，你又该如何写指令，如何走到它那里呢？开动脑筋试试看。

城堡大分解

在谈到食物或树叶如何变成肥料时，你可能对"分解"这个词有过耳闻。如今，"分解"一词应用到计算机科学中，它的意思已然不再是"降解食物"，而是指程序员将问题分解成诸多更易解决的小部分。那么，你能将这座城堡层层分解，搞清楚它是怎样被制作出来的吗？

①

首先，仔细观察一下这座硬纸板城堡，要清楚：它到底是由多少不同部件构建而成的？每个部件又是如何制作的？

通过观察，弄明白城堡各部位的最小部件。

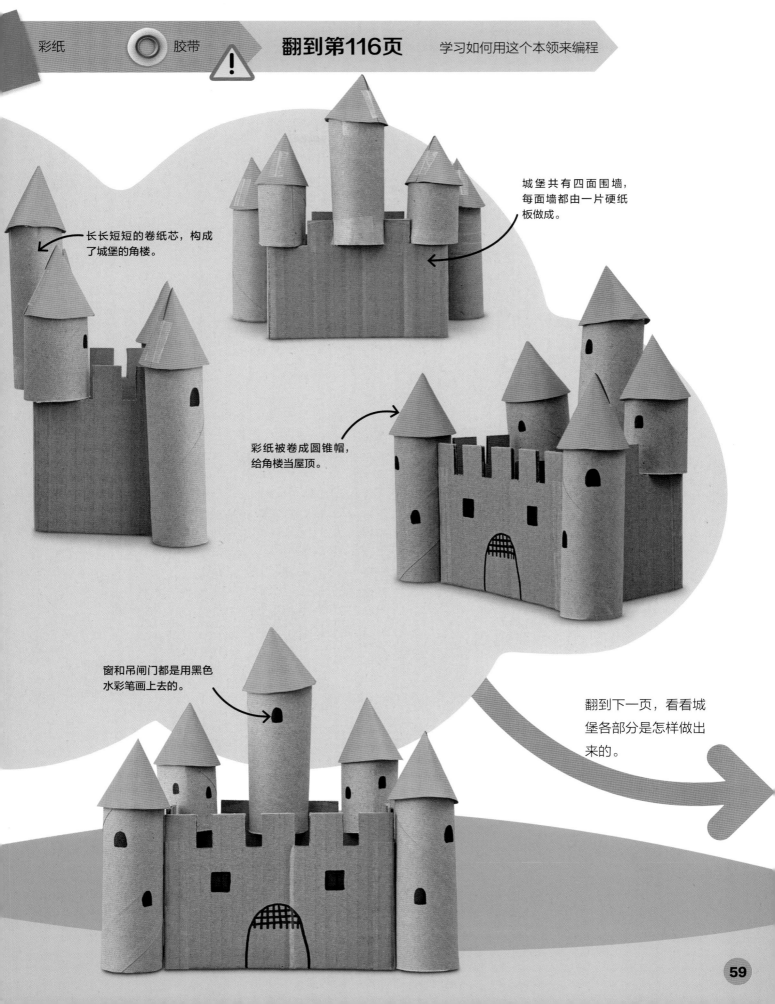

长长短短的卷纸芯，构成了城堡的角楼。

城堡共有四面围墙，每面墙都由一片硬纸板做成。

彩纸被卷成圆锥帽，给角楼当屋顶。

窗和吊闸门都是用黑色水彩笔画上去的。

翻到下一页，看看城堡各部分是怎样做出来的。

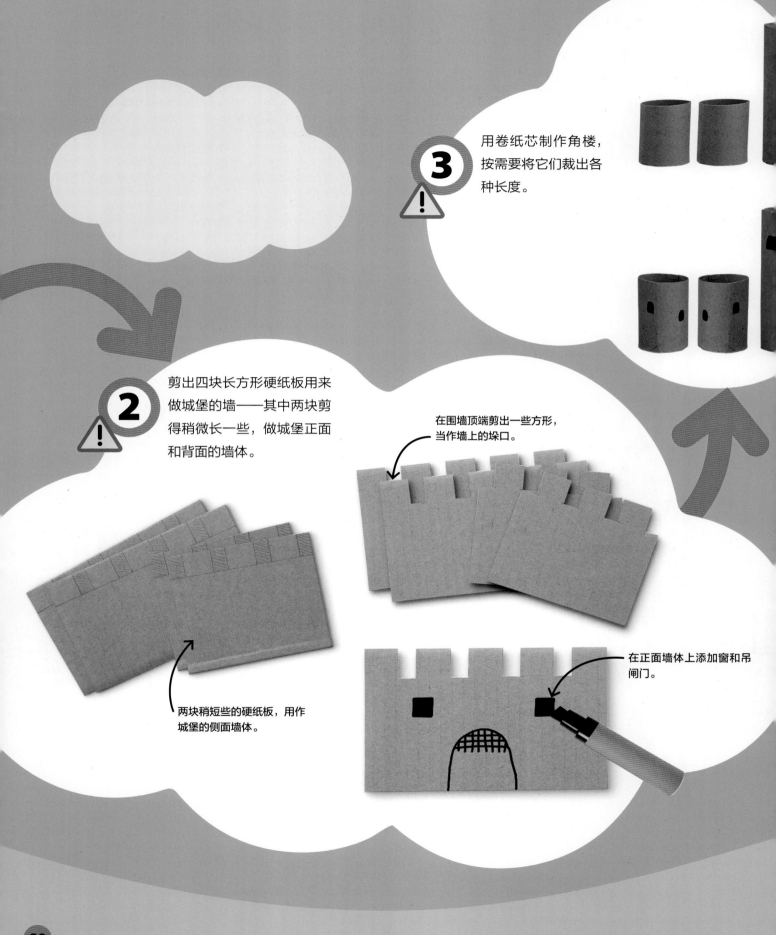

3 ⚠️ 用卷纸芯制作角楼，按需要将它们裁出各种长度。

2 ⚠️ 剪出四块长方形硬纸板用来做城堡的墙——其中两块剪得稍微长一些，做城堡正面和背面的墙体。

在围墙顶端剪出一些方形，当作墙上的垛口。

两块稍短些的硬纸板，用作城堡的侧面墙体。

在正面墙体上添加窗和吊闸门。

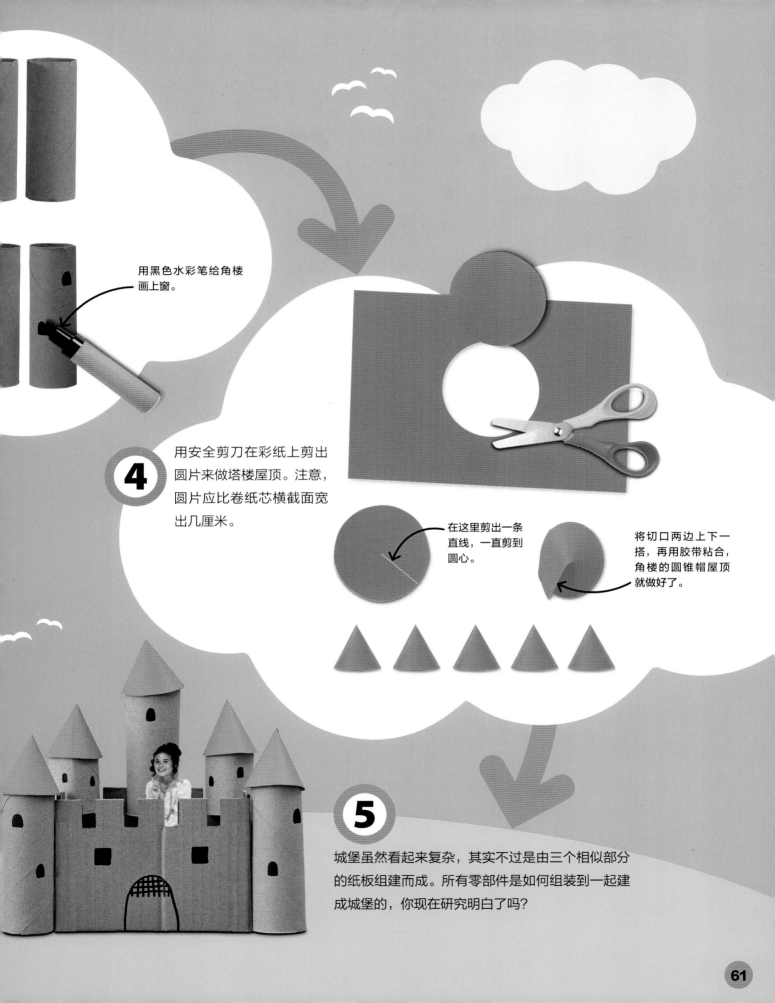

用黑色水彩笔给角楼画上窗。

4 用安全剪刀在彩纸上剪出圆片来做塔楼屋顶。注意，圆片应比卷纸芯横截面宽出几厘米。

在这里剪出一条直线，一直剪到圆心。

将切口两边上下一搭，再用胶带粘合，角楼的圆锥帽屋顶就做好了。

5 城堡虽然看起来复杂，其实不过是由三个相似部分的纸板组建而成。所有零部件是如何组装到一起建成城堡的，你现在研究明白了吗？

蝎子

蜘蛛

鞭蛛

蜱虫

①

这些小动物虽然长得不一样，但在生物学分类上都属于蛛形纲。通过仔细观察，我们能从中找出一套模式来。依你看，这些家伙有哪些共同的特点呢？你能至少列出三个吗？

哪些是它们的共同特点？

有八条腿

有翅膀

有脑袋和躯干

长有鳞甲

有坚硬的外骨骼

为小动物
做模式匹配

程序员之所以能从先前已解决的问题中找到跟新问题的相似之处，是因为他们很擅长从现象中发现、总结出模式，进而对模式加以匹配。在接下来这个活动中，我们不妨从大自然中找出一些模式，然后看看能不能运用这些既有模式解决新问题。

蜈蚣

蜻蜓

蜜蜂

蚊子

甲虫

2

这些小动物全部属于昆虫。观察一下它们在外观特征上都有哪些既定模式？你能至少列出三个它们的共同特点吗？

3

你能用上边发现的模式，想出下边这三个小动物分别属于前述的哪一组吗？

蠼螋

蚂蚁

哪些是它们的共同特点？

有两根触须

毛茸茸的尾巴

有翅膀

长着六条腿

有长长的脖子

举一反三

请你将这些模式写下来，然后和大人一起带着这些指南到户外去，在大自然里找一找，有没有哪种小动物，其特征恰好跟你已经鉴定的小动物的类型模式相匹配？记住，不要摸它们哟！

翻到第135页，看看你答得如何。

把故事抽象化

把握整体，舍弃细枝末节，这就叫抽象化。编程时，程序员通常会先用抽象化的方法设计出一套可重复使用的基本程序，再对细节进行补充、完善。你可以用这种抽象化的方法，将一套连环画写成生动的故事。

在这套连环画中，有些内容只出现了一次或两次。

①

分别观察一下这两套连环画中的四幅图。四幅图中所包含的内容，有些是重复的，而有些不是。

看着连环画，试着写一个故事。

而有些内容在每幅图里都能找到。

**对故事情节
至关重要:**

海底

章鱼

鲨鱼

宝箱

**对故事情节
无关紧要:**

鱼

泡泡

潜水艇

海星

海草

2

拿出笔记本,列出海底世界连环画的四幅图中都出现过的内容(至少四样),这些内容将成为故事的重要部分。列完海底世界的,请再试试太空世界的吧。

3

至少列出连环画中偶尔出现的四样东西。这些东西可以不出现在故事里。

4

列好后,就用你列出的四样重要内容写个短篇故事吧。写的时候记得要与连环画对应,要是能做到无论挑出哪一幅画,你的故事都说得通,那就更棒啦。

一天,章鱼奥利先生正在海底游走,突然发现了一个陈旧的木箱子。它想看看箱子里装了什么东西,可它怎么都打不开。于是,奥利先生叫来了朋友——鲨鱼苏西小姐,它们一起拽开了箱子。在箱子里,它们发现了很多财宝!

Once upon a time, I had a horse. He loved to run around the field. His favourite food was carrots and I talked to him every day.

一首诗歌、
一则短故事或歌词

纸或笔记本

水性笔或铅笔

改编诗歌

"改编"是个学习编程的好方法。比如说你发现一个程序特别能干，它做出的东西能让人眼前一亮，可是呢，却未必完全符合你的需要。这时候怎么办？你不妨"改编"它，也就是说将它改得完全符合你自己的需要，这就有意思多啦。比如你喜欢的诗歌或故事，都可以拿来改编！

1 找一首你喜欢的诗，或是一则短故事。若是想挑战一下，可以选一首押韵的诗歌。

体育运动趣又妙，
跑步、打球、蹦蹦跳。
呐喊助威啦啦队，
比你们更起劲儿的还有谁？

↓

2 在笔记本上对诗歌或故事加以改编，改出你自己的新风格。试着每行文字至少替换一个词。"改编"后的新作如何呢？不妨读给好朋友听一听吧！

提笔画画趣又妙
画花、画草、画太阳。
琳琅满目一墙画，
比你们更时髦的还有谁？

改编诗歌时，要想押韵押得好，你得费一番心思把韵脚找。

翻到第126页 学习如何用这个本领来编程

ⓘ 实用小贴士

有些词语替换起来格外容易，要学会从句子里寻踪觅迹找到它们。比如"马"或"胡萝卜"这样的名词，很容易替换。还有"跑步"和"讲故事"这样的动词，替换起来也不难。

名词	动词
马	跑步
牧场	打球
胡萝卜	讲故事

从前，我有一匹<u>马</u>，
它爱绕着<u>牧场</u>跑。
它最喜欢<u>胡萝卜</u>，
我每天都给它<u>讲故事</u>。

↓

从前，我有一只<u>猫</u>。
它爱绕着<u>家里</u>跑。
它最喜欢<u>鱼罐头</u>，
我每天都给它<u>梳梳毛</u>。

何不把你的风格融入诗歌或故事中，让人一看就知道是你改编的大作呢？这里，你可以改成一只宠物，也可以改成你喜欢做的事。

→ 举一反三

你有喜欢的歌吗？
为什么不试试改编它的歌词？
让这首歌成为你的专属作品吧！

互联网

互联网是联通诸多网络形成的庞大网络系统，能够将你的电脑和遍布全球的其他电脑连在一起。举个例子，你用自己的智能手机往一台笔记本电脑上发条信息，这条信息会在极短时间内游走过许多不同的地方，最终到达那台电脑。

核心路由器

核心路由器是位于互联网核心的路由器。这些巨大的机器能在全球范围内实现对海量信息的高速处理和传送。

核心路由器

海底电缆将数据传送到全世界。这些电缆直径大约只有 2.5 厘米（约 1 英寸），但它们传输的数据却不计其数。

海底电缆

智能手机

信号塔

电话交换机

网络服务提供商(ISP)

核心路由器

移动接入

如果你的智能手机已接入互联网，那么手机上的数据就可以借助射频信号被发送到信号塔。之后，信号塔通过掩埋于地下的数据线，将信息传送给电话交换机。

网络服务提供商

网络服务提供商，简称 ISP，这类公司所提供的服务能帮你的设备接入互联网。互联网上每个设备都有一个叫 IP 地址的专用码，有了 IP 地址作为标识，服务提供商便知道该将你的数据传送到哪里。

电话交换机

一家网络服务提供商和诸多电话线路之间的联系，正是由电话交换机建立起来的。它们能帮网络服务提供商与正确的对象相连。除此之外，通过光纤，网络服务提供商也可以实现与家用路由器的相连。

家用路由器

你家里那台负责管控信息出入传递的设备就是家用路由器。有了它作保障，你家里的每个联网装置便都能获得自己所需要的数据。

网络服务
提供商 电话
交换机 电话线路 家用
路由器 无线网络
（Wi-Fi） 笔记本
电脑

电线与电缆

你通过互联网传送的信息，可能会以各种形式在家中游走。然而，一旦信息离开了你的住宅，它的传输工具则要么是铜线，要么就是玻璃或塑料制成的光纤。

无线网络（Wi-Fi）

无线网络也常被称作"无线"宽带，有了它，你不需要任何电缆，照样能与互联网相连。无线网络之所以不需要线路，是因为你的信息会借助无线电波在空气中传播，在路由器和你的装置之间实现信息传送。

蒂姆·伯纳斯·李

1989 年，英国计算机科学家蒂姆·伯纳斯·李发明了万维网。在伯纳斯·李发明这种借助互联网获取信息的方法之前，各专有网络往往各行其是，各区域之间也无法实现沟通交流。如今，互联网的各组成部分皆共用一个系统，使世界各地的人们得以互相联系，互通有无。

万维网的发明者
蒂姆·伯纳斯·李是万维网联盟（World Wide Web Consortium）的主席。万维网联盟是一家目标为确保互联网良性运转的组织机构。

算法

改编

事件

模式匹配

计算机
编程

Computer Coding

代码妙用多多，你可以用它设计游戏、手机软件（App），以及能在各方面大显身手的其他程序——小到打发无聊时间，大到探测车着陆火星！从这一章起，你将开启在计算机上设计程序的奇妙之旅！

走进 Scratch

Scratch 是一款操作简单的编程语言。它采用不同颜色的积木，让你轻而易举就能设计出程序和游戏。你既可以去 Scratch 网站上设计代码，也可以将它下载到你的计算机上离线使用。

一起开始吧

从访问 Scratch 网站开始，它的网址如下：

http://scratch.mit.edu

只需点击"开始创作"，便可以使用 Scratch 了。不过，如果你想将自己的设计保存下来，或是与人分享，则需要用一个电子邮箱来创建你的 Scratch 账号。具体怎么做呢？首先点击"加入"，然后填写用户名和密码口令。记住，你必须征得大人的同意后才能创建这个账户，而且要用网名注册，可别拿自己的真实姓名作为用户名哟！

 在线 打开该网站主页，点击"开始创作"后，即可在线设计程序。	在线操作 Scratch 3.0 的话，一般来说没必要先注册、登录再运行。但如果你想将自己设计的程序存储起来，留作以后使用，那就需要先创建一个账户了。	点击"开始创作"意味着操作开始。网页会自动跳转到 Scratch 3.0 的操作界面，而你的程序设计，就是在这里一步步做出来的。
① **登录**		② **开始应用 Scratch 程序**
离线 用手机扫描上面图片，或者在浏览器中输入下面的链接，下载离线软件。 链接：https://pan.baidu.com/s/1NnqASOj6GQ4Up-9flaBDiw 提取码：2bnf	下载完 Scratch 3.0 安装程序后，用鼠标双击文件打开。然后按照安装指令，将 Scratch 3.0 安装到你的计算机上。	在你的计算机上找到 Scratch 3.0 安装的位置，双击图标，这个应用程序就启动啦。

注意网络安全

请记住，一旦你在 Scratch 里面分享自己的设计作品，每个人都看得见它！你想想这意味着什么？意味着就算是你不认识的人，他 / 她也能看见你的作品，甚至能打开看看里边的具体内容。所以，为了尽可能保证自己的安全，请你务必将以下这些重要提醒放在心上，搞清楚什么该做、什么不该做：

当心哟！

✓ **该做的** 给自己起个网名。

✓ **该做的** 先请大人看看你的设计作品，然后再将它分享到网络上。

✓ **该做的** 在网络上尊重他人。

✗ **不该做的** 使用真实姓名；或是在网络上透露自己的个人信息，比如你的家庭住址，等等。

✗ **不该做的** 将个人信息或你的照片添加到设计作品中。

✗ **不该做的** 没有经过创作者的允许，就擅自使用或分享别人创作的图像。

Scratch 的不同版本

本书使用的是 Scratch 3.0，如果你手上只有 Scratch 2.0, 不妨去 Scratch 网站下载更新后的版本，或者也可以在线使用 Scratch 3.0。

2.0
Scratch 2.0
Scratch 的稍旧版本，在布局上与最新版有些许不同。

3.0
Scratch 3.0
如今家用计算机和笔记本电脑用的大多是这一版。

一旦创建了账号，Scratch 3.0 每隔一段时间就会自动将你的作品保存起来。要是你不确定它有没有保存，可以点击右上角的"现在保存"。

你可以在计算机或平板电脑上的浏览器中使用 Scratch3.0 在线版去编辑项目，几乎支持所有类型的电脑和现代浏览器。

③ 保存作品

在操作离线版 Scratch 3.0 时，若要保存作品，只需找到"文件"菜单，然后点击下拉菜单中的"保存到电脑"即可。

④ 操作系统

桌面版 Scratch 3.0 可以在 Windows 10 甚至更新的电脑系统中运行，也可以在 MacOS 10.13 甚至更新的苹果电脑系统中运行。

Scratch 怎么用?

Scratch 是一种基于指令块的程序设计语言。其中，五彩缤纷的代码指令块仿佛一块块积木，你只需按照自己的设计将它们层层堆叠起来，就可以完成编程。下面，我们来了解一下 Scratch 操作界面上各部分的名称和功能。

专业小贴士

有些选项隐藏在菜单里。你不妨花时间探索一番，这样用的时候就知道该去哪里找它们了。

文件	用于从电脑中上传作品、保存作品，或新建作品。
编辑	恢复最近删除的角色，或是打开"加速模式"让编码运行得更快。
教程	内置了一些简单的小案例，教你学习如何创作出好作品。
	往指令块面板上添加额外的指令块。
造型	编辑角色的造型。
声音	添加、删除或编辑声音。

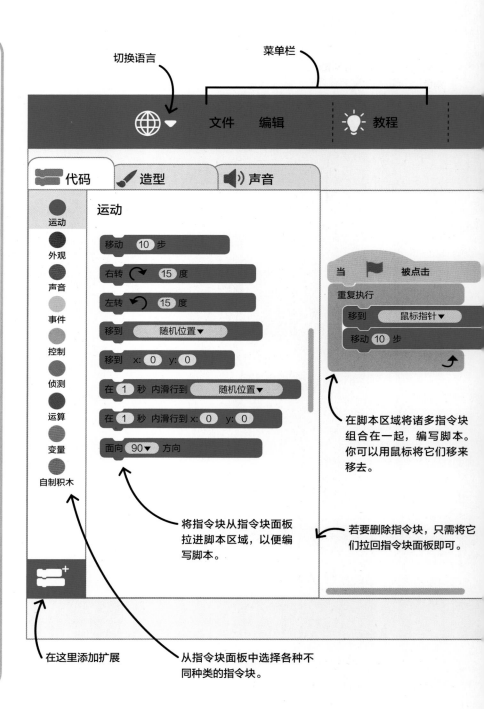

切换语言

菜单栏

在脚本区域将诸多指令块组合在一起，编写脚本。你可以用鼠标将它们移来移去。

将指令块从指令块面板拉进脚本区域，以便编写脚本。

若要删除指令块，只需将它们拉回指令块面板即可。

在这里添加扩展

从指令块面板中选择各种不同种类的指令块。

Scratch 界面

如右侧的示意图所示，在操作 Scratch 3.0 的过程中，不同的操作，用到的区域也各不相同。每个区域都有自己的专业术语名。在接下来的编程活动中，我们便会用这些术语名来称呼它们。

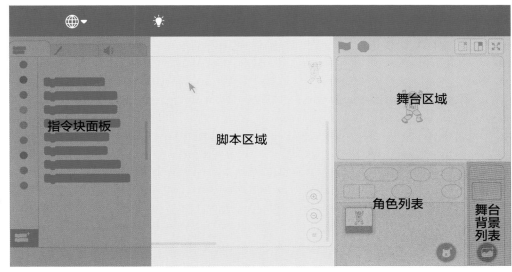

指令块面板

脚本区域

舞台区域

角色列表

舞台背景列表

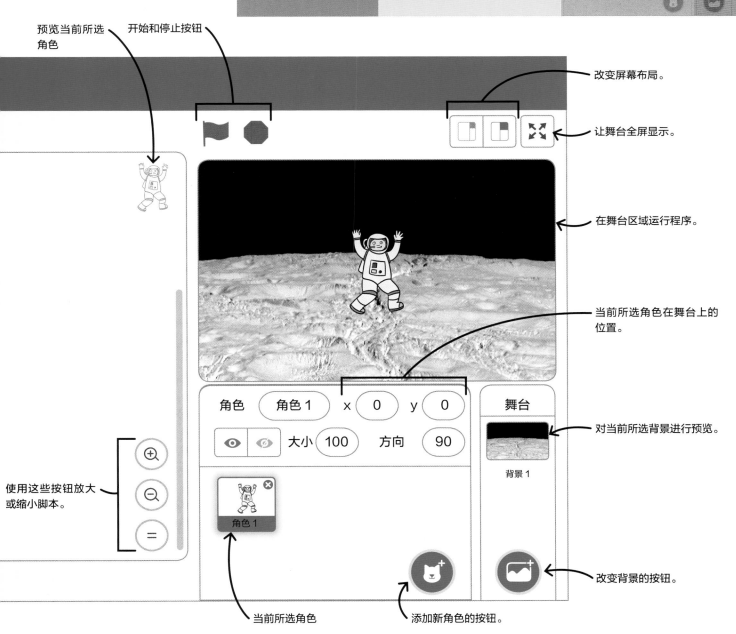

预览当前所选角色

开始和停止按钮

改变屏幕布局。

让舞台全屏显示。

在舞台区域运行程序。

当前所选角色在舞台上的位置。

使用这些按钮放大或缩小脚本。

角色　　角色1　　x　0　　y　0

大小 100　方向 90

舞台

对当前所选背景进行预览。

背景 1

角色 1

当前所选角色

添加新角色的按钮。

改变背景的按钮。

在 Scratch 中编写代码

Scratch 中的指令块有很多种，由于它们各自运行的代码种类不同，所以颜色也各不相同，以便区分。设计程序时，你只需用鼠标将指令块拉一拉、推一推或是点一点，就可以轻而易举地将它们组合在一起！接下来，给你介绍一些实用的提示和技巧，帮你轻松搭建、运行让人眼前一亮的程序！

指令块的种类

Scratch 中主要有九种指令块。每种指令块都拥有独一无二的颜色。这样一来，当你想搞清楚"某个指令块待在指令块面板的什么位置？""它运行的是哪种代码？"等问题时，一看颜色便知。

> 我的超级侦测能力告诉我：这属于事件指令块！

运动
外观
声音
事件
控制
侦测
运算
变量
自制积木

运动
这种指令块是蓝色的，它能让你的角色移动、转向、滑行，或是面向某一个方向。指令块面板的蓝色"运动"按钮，即是它。

外观
角色是以什么方式出场的呢？这就要由紫色的外观指令块来决定了。它具有增添对话泡泡和变换造型的功能。

声音
设定声音效果和音量的指令块是粉红色的，而且指令块面板上端还有专门的声音模块。

事件
事件指令块是黄色的，顶端还隆起一块弧形，能让代码开始运行。

控制
循环、停止、等待和克隆，都由橘黄色的控制指令块说了算。

侦测
要检测你的角色正在做什么，就得用到蓝绿色的侦测指令块。

运算
绿色的运算指令块负责计算，或者将侦测指令块联合在一起，等等。

变量
变量指令块呈深橘色。你可以根据自己的需要创建变量。

> 点击这里可以给指令块面板添加扩展。额外扩展出的指令块颜色虽然都相同，但是它们能帮你给自己的编程作品增加音乐、视频或其他独具特色的东西。

自制积木
你可以创建自己的指令块，类似于其他编程语言中的自定义函数。自制积木指令块是粉红色的。

选择"音乐"，为你编的代码添加音乐。

单击"画笔"，能让你的角色画画。

选择"视频侦测"，就可以使用你的摄像头啦。

脚本的编写

并接在一起的指令块构成了脚本。脚本会按照顺序一步一步从头运行到底。不同的脚本可以同时运行；但就某一个脚本内部而言，只有前边的指令运行完毕后，后边紧挨它的指令才会立即运行。

脚本的运行

想运行脚本区域里的哪个脚本，就用鼠标点击哪个。或者，脚本最上端的事件指令块中显示什么，你就照做什么。如果想同时运行两个脚本，那不妨将两套不同程序脚本最顶端的事件指令块设置成同一个。

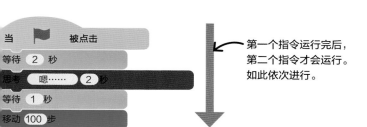

第一个指令运行完后，第二个指令才会运行。如此依次进行。

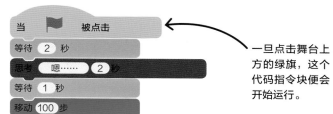

一旦点击舞台上方的绿旗，这个代码指令块便会开始运行。

Scratch 中的像素

构成屏幕上图像的是像素。在 Scratch 中，像素又多了一个定位的功能：你可以用它们来告诉计算机该把某物放在哪里。

Scratch 舞台被分成了许许多多个正方形像素。在"运动"那一栏中，你会发现有些指令块会借助 x 和 y 来确定舞台上某一点的位置。比如，如果想让角色向右移动一个像素，你就可以将其设置成（移到 x：1）；而如果你想让角色向上移动一个像素，你就可以将其设置为（移到 y：1）。如果输入的数字是负值，角色便会向左移动或者向下移动。舞台中心位置用（0，0）表示。

整个 Scratch 舞台区域被分成了许多个像素，横向每行有 480 个像素，纵向每行有 360 个像素。

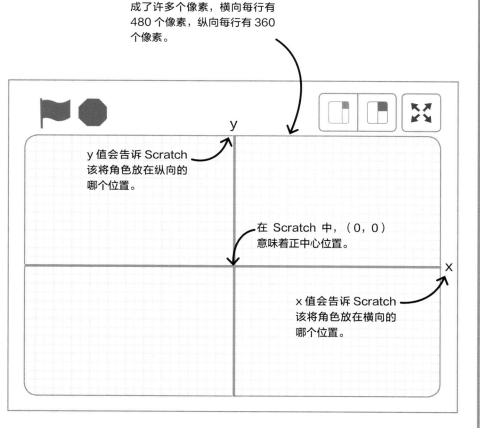

y 值会告诉 Scratch 该将角色放在纵向的哪个位置。

在 Scratch 中，（0，0）意味着正中心位置。

x 值会告诉 Scratch 该将角色放在横向的哪个位置。

角色

接下来，我们来学习一下如何往自己的设计作品中添加图像。在 Scratch 中，你可以给角色添加代码，让它按照你编的代码脚本做事情；也可以给舞台添加背景，让你的作品更出彩、更有趣。

什么是角色？

每个 Scratch 作品里都不乏活灵活现的角色，它就是我们作品的主要角色。借助编程，我们可以让它动来动去，跟别的角色互动，还可以改变它的模样。Scratch 里有许多现成的角色供你选择，当然你也可以自己绘制角色。瞧瞧这些例子！

我能先藏起来，再出来！

我会跳舞。

我能在舞台上四处游走。

角色列表

往舞台上添加角色后，你会发现它在舞台下方的角色列表里出现了。角色列表会给出你所选角色的信息，而且如图所示，会用蓝色来突出你现在所选的角色。记住，首先你得选好合适的角色，然后再考虑给它编写代码。

在这里可以给你的角色改名字。

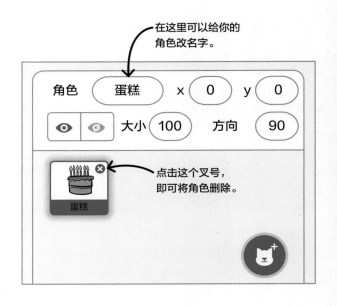

点击这个叉号，即可将角色删除。

添加角色

你还可以用下边这个菜单给自己的作品添加更多角色。该菜单位于角色列表的右下角。你既可以从 Scratch 角色库里选取一个，也可以自己绘制一个，或者让程序帮你随机选一个。

从你的计算机中上传一个角色。

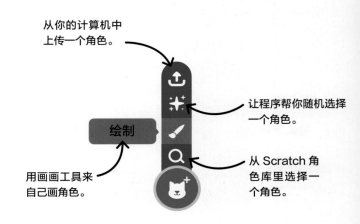

让程序帮你随机选择一个角色。

用画画工具来自己画角色。

从 Scratch 角色库里选择一个角色。

造型

每个角色都拥有多种可以自由切换的"造型"。这些造型或许会让角色的位置发生变化，或许会直接让它模样大变。但无论如何变换，角色的名字始终不变。你还可以用画画工具给角色设计新造型。

这两个造型让蛋糕上的蜡烛看起来好像原本是点燃的，后来被吹灭了。

每个角色的宽和高都可以变得和舞台一样，即 480×360 像素。

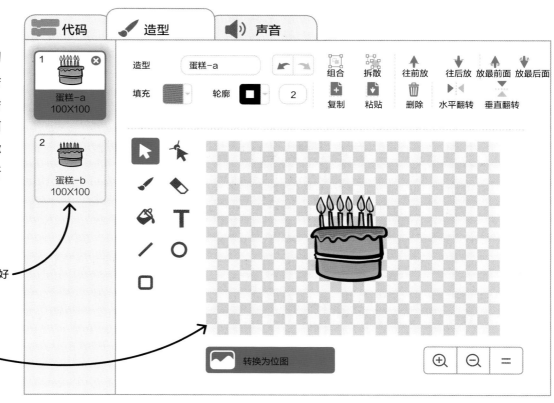

添加背景

添加背景可以让舞台变得更加炫丽缤纷，也可以为游戏布景。背景就好比舞台的造型！通过编码，既可以改变背景，也可以让它跟你的角色互动。

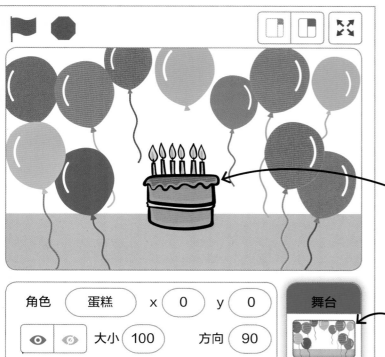

角色出现在背景前方。

背景会出现在舞台背景列表上。

从这个菜单里可以选择新的背景。

我能把人吓跑！

跟刚才讲的角色同理，你也可以选择或绘制背景。

算法

通俗地讲，算法就是一份步骤列表，它会告诉你事情该如何一步一步地做，才能顺利地完成。在开始编程之前，专业程序员往往喜欢先将算法搞得清清楚楚，这样一来他们就知道编程时该做些什么了。在下边这个活动中，你将学会如何厘清算法，为自己的第一个编程作品做好准备。

顺序要正确

你想让程序做什么呢？也许你心里明白，可具体操作起来，一旦搞错了步骤顺序，程序就会出现异常，甚至无法工作。看了下边这个例子，你就知道顺序对算法有多么重要了。如果想让小猫在舞台上走路、转身再回来，然后说它累了，我们该按照什么顺序排列下边这些指令呢？

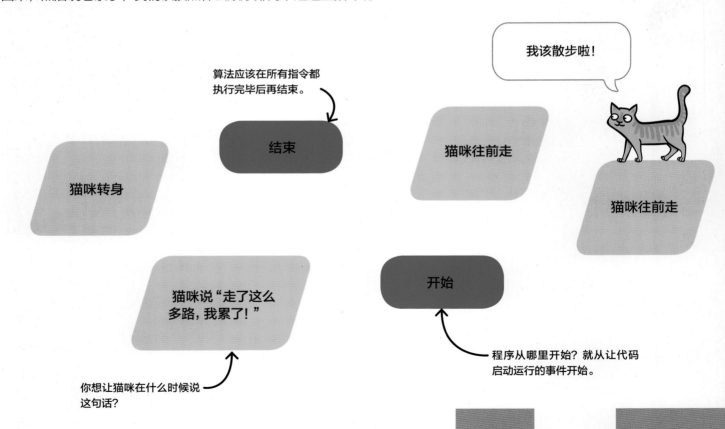

我该散步啦！

算法应该在所有指令都执行完毕后再结束。

结束

猫咪往前走

猫咪转身

猫咪说"走了这么多路，我累了！"

开始

你想让猫咪在什么时候说这句话？

猫咪往前走

程序从哪里开始？就从让代码启动运行的事件开始。

错误的顺序

这个算法指令虽然正确，但顺序出错了。你瞧，猫咪哪儿都没去呢，却已经开口说它累啦！

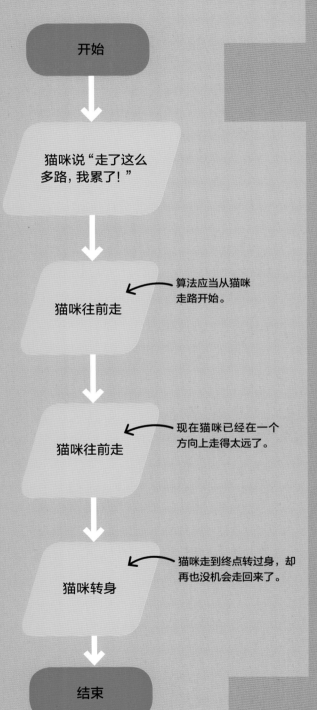

开始

猫咪说"走了这么多路，我累了！"

猫咪往前走 ← 算法应当从猫咪走路开始。

猫咪往前走 ← 现在猫咪已经在一个方向上走得太远了。

猫咪转身 ← 猫咪走到终点转过身，却再也没机会走回来了。

结束

正确的顺序

再看这个算法，一个个步骤按照正确顺序从头排到尾。猫咪先是往前走，然后转身、回来，最后说它累了。

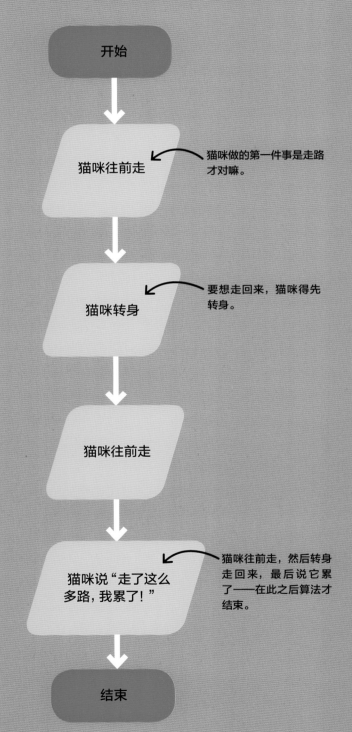

开始

猫咪往前走 ← 猫咪做的第一件事是走路才对嘛。

猫咪转身 ← 要想走回来，猫咪得先转身。

猫咪往前走

猫咪说"走了这么多路，我累了！" ← 猫咪往前走，然后转身走回来，最后说它累了——在此之后算法才结束。

结束

添加细节

算法如果过于简单，往往会忽视关键细节，等到接下来编程涉及细节时，就会遇到麻烦。所以，我们一开始编排算法时，就应该将细节添加到位，尽可能将算法中的细节考虑周全，这样才能避免在编程时出现问题——代码没了问题，计算机自然也就能精准无误地按照你的指令完成该完成的任务了。

为了转过身来，猫咪需要左右翻转。如果你只是简单地告诉它做个旋转，它可能会头朝下倒立哟。

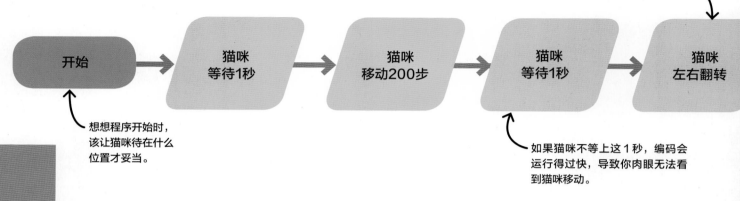

想想程序开始时，该让猫咪待在什么位置才妥当。

如果猫咪不等上这1秒，编码会运行得过快，导致你肉眼无法看到猫咪移动。

程序

等编排好了算法，你就可以用正确的指令块来编写程序脚本啦。

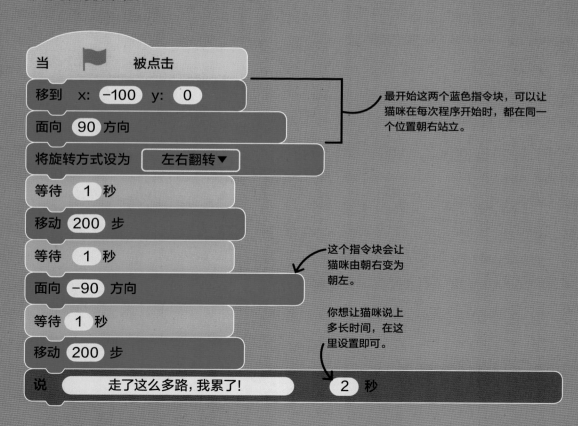

最开始这两个蓝色指令块，可以让猫咪在每次程序开始时，都在同一个位置朝右站立。

这个指令块会让猫咪由朝右变为朝左。

你想让猫咪说上多长时间，在这里设置即可。

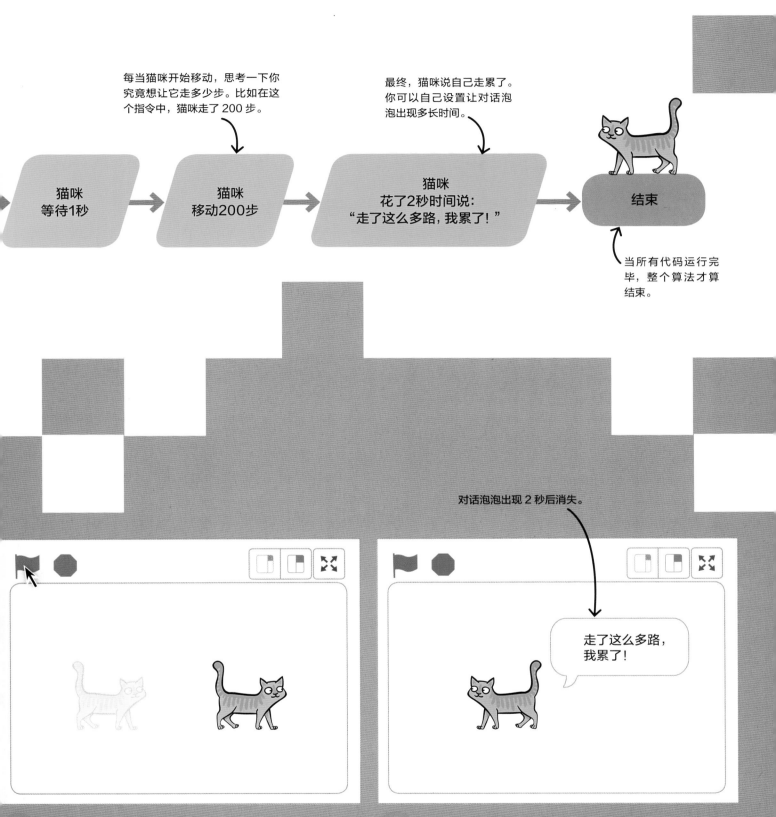

每当猫咪开始移动，思考一下你究竟想让它走多少步。比如在这个指令中，猫咪走了 200 步。

最终，猫咪说自己走累了。你可以自己设置让对话泡泡出现多长时间。

| 猫咪
等待1秒 | 猫咪
移动200步 | 猫咪
花了2秒时间说:
"走了这么多路，我累了!" | 结束 |

当所有代码运行完毕，整个算法才算结束。

对话泡泡出现 2 秒后消失。

走了这么多路，我累了!

1 在开始移动之前，猫咪朝右站立，所以它会一路向右移动。

2 猫咪停下脚步，接着转过身来，回到舞台左侧后才说话。

Scratch

开发时间： 2003 年

开发者： 麻省理工学院 (MIT)

国家： 美国

文本还是指令块： 指令块

Scratch 是一种可视化的编程语言。用户只要从专门的"工具箱"里将指令块拖拽出来，即可编写代码。这款语言由于已预先制作好了指令，上手简单，所以能为编程初学者带来极佳的操作体验。不过比较而言，行家里手可能更偏爱文本语言，因为文本语言用起来更自由、更灵活。

如果用键盘将短语输入这个"说"的指令块中，Scratch 就会让你的角色将它说出来。

Python

开发时间： 1989 年

开发者： 吉多·范罗苏姆

国家： 荷兰

文本还是指令块： 文本

Python 是一种基于文本的编程语言。它的操作强调习惯与规范，在教人们编程方面相当出色。不过，Python 无法应用于 3D 游戏的编程；有些需要占用大量计算机内存的任务它也无法胜任。

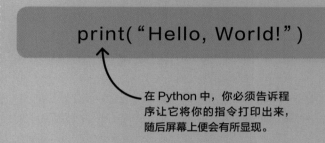

在 Python 中，你必须告诉程序让它将你的指令打印出来，随后屏幕上便会有所显现。

编程语言

编程语言，也叫计算机语言，是能让计算机理解、明白的成套的代码。编程语言多种多样，每种都有自己的优势和缺点。那么，到底该用哪种语言来编程呢？这取决于程序员的工作需要。如果程序员发现某种语言用起来要比别的语言更顺手、更好，那么他们就会采用这种语言来工作。

JavaScript

开发时间：1995 年

开发者：布兰登·艾奇

国家：美国

文本还是指令块： 文本

JavaScript 无处不在！它速度极快，许多应用程序都会用到它，尤其是网页！不过，它只在用户的计算机上运行，不在在线服务器上运行，所以跟其他编程语言比起来安全性较差。而且不同浏览器处理同一个页面时，它的表现也会存在差异。

alert（"Hello, World ！"）；

这个指令会让 JavaScript 在浏览器里弹出对话框，呈现你说的短语。

Ruby

开发时间：1993 年

开发者：松本行弘

国家：日本

文本还是指令块： 文本

Ruby 这种编程语言简单便捷，用户操作起来拥有很大的自由空间和灵活性。Ruby 广受欢迎，也非常适合初学者，不过，由于 Ruby 对结构没有严格要求， 一般出现了 bug，也都很隐蔽，很难找出来。

puts "Hello, World!"

这个指令就像 Python 语言中的"print"，它会告诉 Ruby 将你的短语呈现在屏幕上。

"Hello, World!"（"你好，世界！"）

测试一种新语言时，程序员通常最先会试着让它说一句"Hello, World!"，在程序员中这已然成为一个传统。有些程序员认为，用这个短语可以测试出某种编程语言是难是易：越是能轻松地让电脑呈现这句短语的语言，越是简单好学。

C++

开发时间：1979 年

开发者：本贾尼·斯特劳斯特卢普

国家：美国

文本还是指令块： 文本

C++ 是一种复杂的编程语言，由于速度快、性能稳健可靠，颇受专业人士的欢迎。但对初学编程的人来说，它不能算是最佳选择，因为需要用到许许多多的代码，哪怕很简单的任务也是如此。

```
#include <stdio.h>
void main()
{
    printf("Hello World!");
}
```

写代码，编程序

在前文中，我们已经了解了算法，知道算法就是告诉你怎样做事情的步骤列表。那么，沿着这条思路来想一想，编程又是什么呢？编程就是将算法再"翻译"成代码。有了清楚的算法，就为接下来的编程做好了准备。这可是你第一次编程，加油！

1 做计划

编程的第一步，首先要想明白自己打算做什么。比如在这个程序中，我们想要让一个海盗说"啊嘿！"，接着走过舞台，然后停下来说一句"我们走吧，伙计"。最后离开舞台。

这个旨在示意我们程序由此开始。流程图除可以像本页这样从左画到右之外，还可以从上画到下，怎么得劲儿你就怎么画。

开始

3

用 Scratch 来操作落实算法

厘清整个算法后，接下来，你只需明白每一步该用哪个指令块呈现，然后将指令块逐一添加到代码中编成脚本即可。

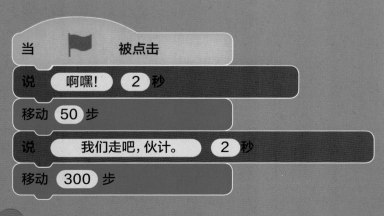

这句话，海盗应该说上 2 秒。

1 海盗说"啊嘿！"2 秒。

想步骤

2

计划做好了，那接下来又该如何实现呢？有必要将实施计划的每个步骤都想清楚、理明白。这里教给你一个最简便的好方法，就是借助流程图将步骤逐一列出来。比如，你想让海盗说多长时间的话、想让他移动多少步，都应该列在流程图中。

每个指令一端与之前刚刚发生的动作相连，另一端又和接下来该发生的动作相连。

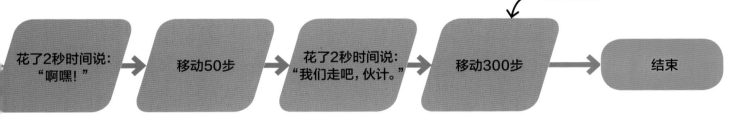

2 接下来海盗移动了50步，然后将"我们走吧，伙计。"这句话说了2秒。

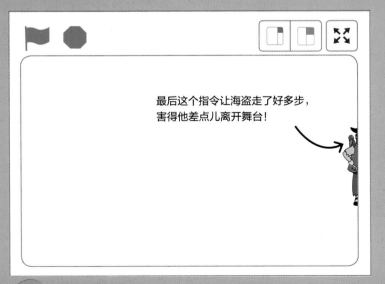

3 最后，海盗移动了300步，走到舞台的另一侧。

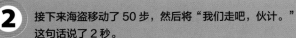

调试

有时我们明明很清楚具体要让算法去做什么，可程序偏偏出现异常，无法工作。一旦发生这种情况，就算把所有代码都推倒重来也不一定有用。相反地，我们应该将错误（大家常管它叫bug）从程序里揪出，并加以修正。这样一来，程序就可以正常运转了。

程序本该怎样做

这个程序首先会让角色移动到舞台的另一侧；之后它停下躲了起来；最终，角色会出现在一个全新的位置上。

程序

先按照步骤 1 用指令块编代码，然后在 Scratch 中运行，看看效果如何——没错，这个程序里有一些小错误。请你将程序中的步骤好好琢磨一番，看看能否修改错误，帮助程序实现预期的效果。以下的四个步骤可以帮助你。

1 角色在这里转来转去，可我们并不想让它这样做。这时有一个指令块出现了错误，我们需要改正它。

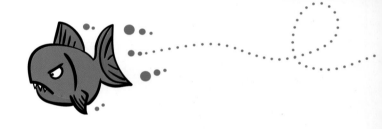

可我们不想让角色旋转，我们想让它往前移动。所以这个指令块需要改动。

2 程序运行得太快了，快到我们竟看不见角色一开始有发生移动。所以有必要添加等待的指令块，好让角色的移动慢下来。

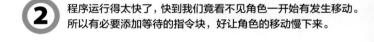

试一试，将等待指令块添加到角色移动的后面。

88

1 如图所示，程序应该让角色在舞台上横向移动。

2 然后，程序会让角色消失 2 秒，最终在新的位置现身。

i

实用小贴士

你应当问问自己："这个程序应该做什么？""我的程序要做什么呢？"逐一排查代码，看看问题究竟出在哪里。是出现在第一步呢，还是出现在之后的步骤？一旦找出 bug，不妨多写几个修改方案，然后逐一测试，看看哪个方案最管用。

3 现在程序的指令块都没有问题了，可角色往前移动后并没有躲起来，为什么呢？这是因为指令块的拼接顺序错了。那么，你知道该如何重新拼接它们吗？

4 这回程序基本上运行得还不错，只是角色刚开始差点儿从舞台上消失——移动数值设置得太高啦！如果将这个数值调低一些，程序就完美了。

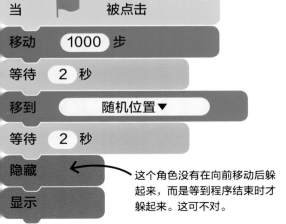

这个角色没有在向前移动后躲起来，而是等到程序结束时才躲起来。这可不对。

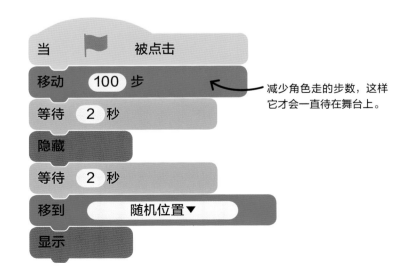

减少角色走的步数，这样它才会一直待在舞台上。

为什么要用循环？

如果你编写的程序是将同一件事做上许多遍，那么循环可以派上大用场！有了循环，不停变色的角色或是不停移动的角色，你都能制作出来——"重复执行"最擅长做的就是这个！但要想让这种循环停下来，办法只有一个，那就是终止整个程序。

① 比如，我们想让这只章鱼一秒钟换一种颜色，变色变不停。假如没有循环，每次想让章鱼变换一种新颜色，你就得添加两个新的指令块。

② 而如果我们将改变颜色的指令块放进"重复执行"中，章鱼就会一直变换颜色，根本不需要你额外再添加什么代码。

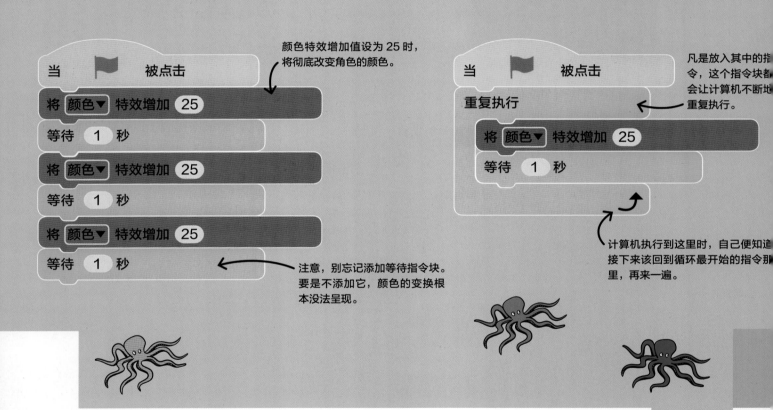

颜色特效增加值设为 25 时，将彻底改变角色的颜色。

凡是放入其中的指令，这个指令块都会让计算机不断地重复执行。

注意，别忘记添加等待指令块。要是不添加它，颜色的变换根本没法呈现。

计算机执行到这里时，自己便知道接下来该回到循环最开始的指令那里，再来一遍。

循环

一旦添加上循环，你会发现程序仿佛如虎添翼，变得越发强大。有了循环指令块，凡是需要重复运行的代码，只要将它放进循环指令块中，便可自动重复、重复再重复，你再也不用将代码写上一遍又一遍啦。所以说循环看似简单，其实超级能干，可以帮程序做很多事。

可终止的循环

当然，并非所有的循环都会一直运行不停。你也可以用那种重复一定次数后便停下来的循环（有次数的循环），或是一旦你做了什么特殊的事它就会停下来的循环（有条件的循环）。比如，只要某件事没发生，你就想让角色一直保持变换的状态——这时候"有条件的循环"就可以帮上你的大忙。

1 在这种带有可变值的重复循环中，指令块代码的重复次数由你选择决定。举个例子，如果你想让这个怪兽改变三次颜色，那么只需将循环次数设置为 3。

i 实用小贴士

在 Scratch 中，每个角色都有 199 种不同的颜色特效。将颜色特效增加 25 时，角色的颜色会完全改变；将颜色特效增加 1 时，角色只会发生轻微的颜色改变。记住，角色身上的所有颜色，都会随着颜色特效增加值的变化而发生改变。

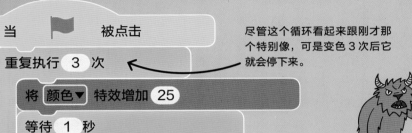

尽管这个循环看起来跟刚才那个特别像，可是变色 3 次后它就会停下来。

虽然角色每次颜色特效变化程度的数量值是相同的，但变色次数取决于你设定的循环次数的数值。

2 如果你想实现"只要某件事没发生，循环就会一直重复下去"，那不妨用"重复执行直到"循环。比如下边这个例子：只要你没按下空格键，怪兽就会一直变色。

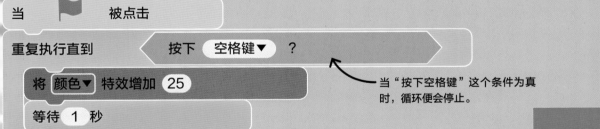

当"按下空格键"这个条件为真时，循环便会停止。

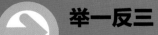

举一反三

若是把一个重复执行循环放进另一个重复执行循环中，会怎么样呢？来吧，试试看！你能制作出这样一个角色吗？它会不停地跳到新位置，但每次都是变换几次颜色后再起跳。

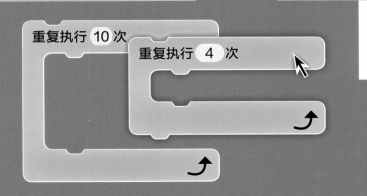

程序

下边这个程序能将独角兽变成画线条的笔！你可以照着下方所示的代码拼接试试，看看能创作出什么效果来。假如让你画一个正方形，你能画出来吗？

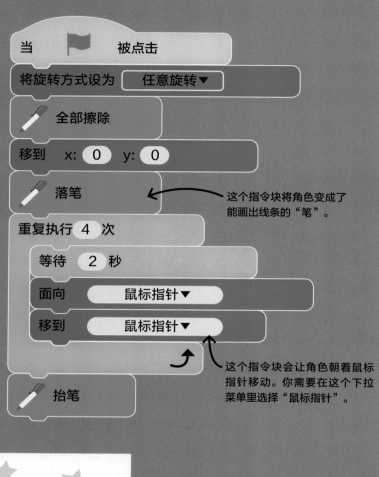

当 🏳 被点击

将旋转方式设为 任意旋转▼

全部擦除

移到 x: 0 y: 0

落笔 ← 这个指令块将角色变成了能画出线条的"笔"。

重复执行 4 次

等待 2 秒

面向 鼠标指针▼

移到 鼠标指针▼ ← 这个指令块会让角色朝着鼠标指针移动。你需要在这个下拉菜单里选择"鼠标指针"。

抬笔

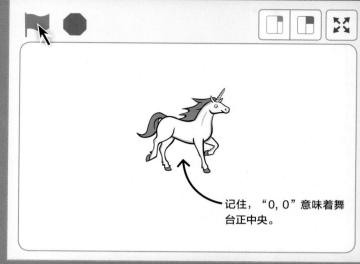

记住，"0, 0"意味着舞台正中央。

1 独角兽将从舞台正中央出发——移动时，代码指令会在它身后绘制出移动轨迹。

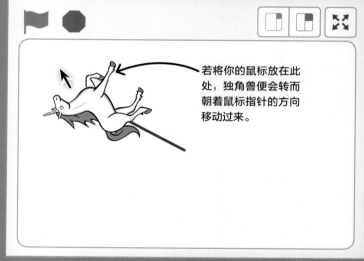

若将你的鼠标放在此处，独角兽便会转而朝着鼠标指针的方向移动过来。

2 独角兽转而朝向鼠标指针移动，并且沿这个方向画出一条直线来。

创意无限

其实编程有创意，有美感，还有趣！想不想用它做点儿不同凡响的东西？你可以对脑海中层出不穷的点子多加尝试，想方设法将它们转化成代码。说不定在你不断的摸索中，还能"妙手偶得之"，创作出最棒的作品！

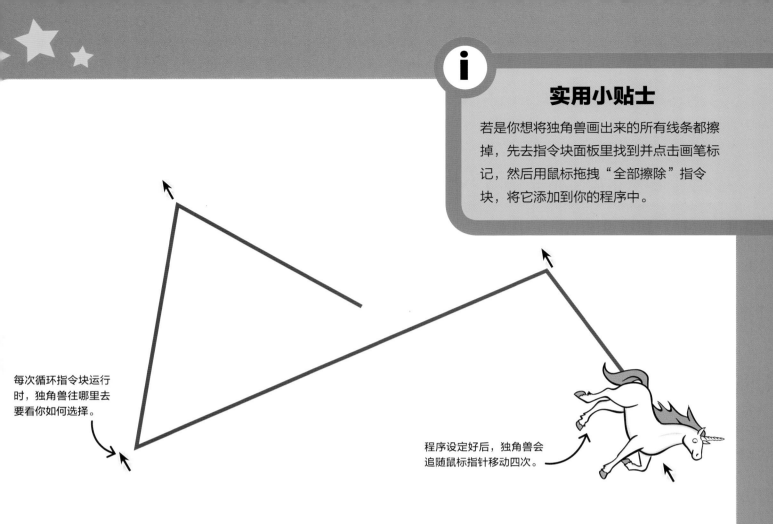

实用小贴士

若是你想将独角兽画出来的所有线条都擦掉，先去指令块面板里找到并点击画笔标记，然后用鼠标拖拽"全部擦除"指令块，将它添加到你的程序中。

每次循环指令块运行时，独角兽往哪里去要看你如何选择。

程序设定好后，独角兽会追随鼠标指针移动四次。

3 让你的创意尽情驰骋吧，让独角兽画出五花八门的形状！嘿！你能用这个程序画出多少种形状？

举一反三

你能用程序画出一个六边形吗？能不能再试着让它变个样？你还能画出别的什么来呢？

如果你能用这个程序画出一个六边形，那么画一颗五角星对你来说应该也不成问题。

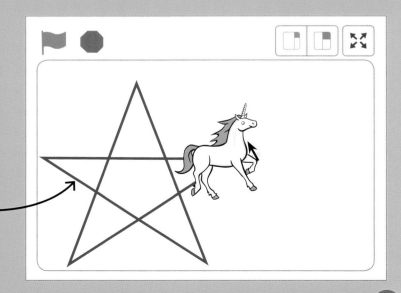

合作

"合作"二字，不仅意味着大家一起工作，它还是个攻无不克、战无不胜的强大工具！"星多天空亮，人多智慧广"，如果你做着做着卡了壳动弹不得，则不妨跟朋友一起动脑动手试试。单靠自己想不出的好点子，到了合作团队里说不定就冒出来了！

程序

这三个脚本各有各的打击乐器，三种乐器同时敲敲打打演奏了一段。你能再添加一种打击乐器，和它们合作演奏一段吗？

①

你先照着书上这三个脚本拼接一遍，然后点击绿旗运行脚本，听听三者合奏的效果如何。

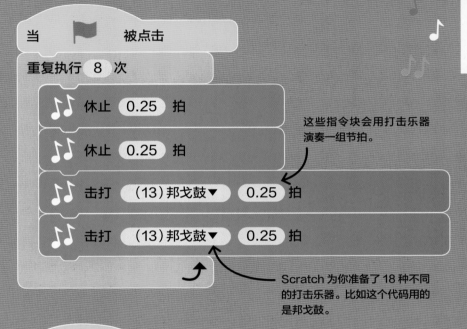

当 🚩 被点击

重复执行 8 次

🎵 休止 0.25 拍

🎵 休止 0.25 拍

🎵 击打 (13)邦戈鼓▼ 0.25 拍

🎵 击打 (13)邦戈鼓▼ 0.25 拍

这些指令块会用打击乐器演奏一组节拍。

Scratch 为你准备了 18 种不同的打击乐器。比如这个代码用的是邦戈鼓。

邦戈鼓

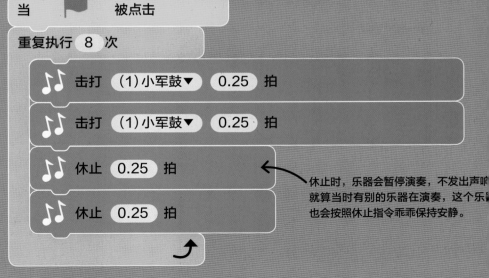

当 🚩 被点击

重复执行 8 次

🎵 击打 (1)小军鼓▼ 0.25 拍

🎵 击打 (1)小军鼓▼ 0.25 拍

🎵 休止 0.25 拍

🎵 休止 0.25 拍

休止时，乐器会暂停演奏，不发出声响。就算当时有别的乐器在演奏，这个乐器也会按照休止指令乖乖保持安静。

小军鼓

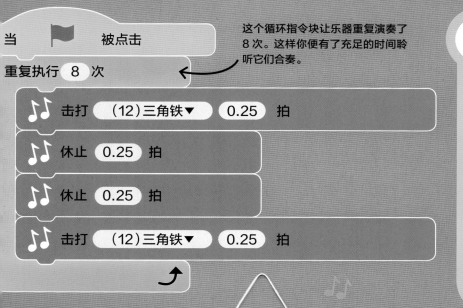

当 🚩 被点击

重复执行 8 次

🎵 击打 (12)三角铁▼ 0.25 拍

🎵 休止 0.25 拍

🎵 休止 0.25 拍

🎵 击打 (12)三角铁▼ 0.25 拍

这个循环指令块让乐器重复演奏了 8 次。这样你便有了充足的时间聆听它们合奏。

三角铁

ℹ️ 实用小贴士

第一次打开 Scratch 时你会发现，乐器演奏的初始设置都是 60 拍 / 分钟，即每秒钟一拍。在这个例子中，每个程序都会循环执行 8 次，每次都按四分之一拍来演奏。也就是说，每种乐器执行程序的时长是 8 秒，而且三个程序同时开始，同时结束。

2

请你再选一种打击乐器，让它也加入现有这三个程序的"乐队"中，而且也要为它编一套演奏脚本。编写代码后不妨演奏几遍，随时加以调整，让它的演奏能跟其他乐器实现完美的配合，令人赏心悦耳。

当 🚩 被点击

重复执行 8 次

🎵 击打 ▼ 0.25 拍

🎵 休止 0.25 拍

🎵 击打 ▼ 0.25 拍

🎵 休止 0.25 拍

在这个下拉菜单里选择一种打击乐器。

击打和休止的节拍，你都可以变上一变。

➡️ 举一反三

你还可以试着再添加更多的指令，亲自组建一支管弦乐队！每样乐器演奏多长时间？各自又选择在何时休止？所有这些你都可以选择调配一番，创作一段优美的旋律！

🎵 将乐器设为 (1)钢琴▼

🎵 演奏音符 60 0.25 拍

Scratch 中"乐器设置"这个指令块里已经为你准备了 21 种不同的乐器，其中甚至包括"一架"钢琴！

锲而不舍

编程过程中难免会有让人一头雾水的时候，甚至会让人百思不得其解，步步维艰。好不容易编完了脚本，第一次运行时又可能会磕磕绊绊，不是这里有"小虫"，就是那里有问题，逼得你一次又一次"除虫"。等问题一个一个解决了，程序才会乖乖做你想让它做的事情。不过没关系，保持耐心，一次不行就再试一次！

程序

这个程序仅用一个角色就能拼出各种不同的图案。不过从目前来看，每种图案脚本中的代码都缺了点儿什么。你能弄清楚该怎样让角色拼出最终的图案来吗？

为了让角色以底部为圆心旋转，你需要在造型编辑器里对它加以编辑。

注意这个带十字的小圆圈。你需要先移动或画出角色，让角色的尖端恰好落在这个小圆圈上。

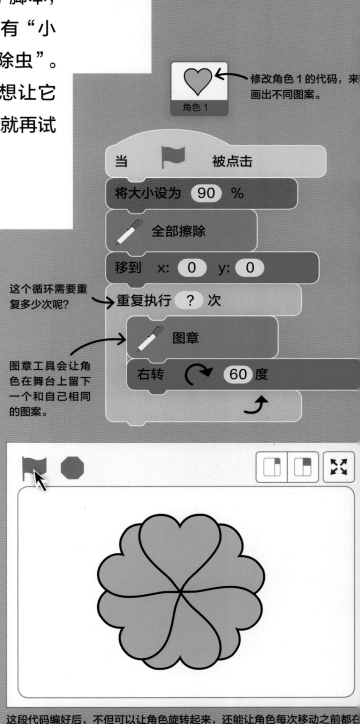

1

你能让角色转出一个完整的圆吗？看看循环指令块中，它每一次转了多少度，你心里自会有数。

修改角色1的代码，来画出不同图案。

角色1

当 🚩 被点击

将大小设为 90 %

全部擦除

移到 x: 0 y: 0

这个循环需要重复多少次呢？ → 重复执行 ？ 次

图章工具会让角色在舞台上留下一个和自己相同的图案。

图章

右转 60 度

这段代码编好后，不但可以让角色旋转起来，还能让角色每次移动之前都在舞台上留下一个和自己相同的图案。

实用小贴士

想让角色转出一个完整的圆来吗？告诉你怎样实现：只要保证它转动的角度和代码重复执行的次数相乘等于 360，就可以啦。

2 这段代码将 12 个角色图章合成一个圆。你能搞明白角色每次该转动多少度吗？

当 ▶ 被点击

将大小设为 90 %

✎ 全部擦除

移到 x: 0 y: 0

重复执行 12 次

　✎ 图章

　右转 ↻ ? 度

这个数应该是多少呢？想一想、试一试，一次不行就再试一次。

3 如果角色一边旋转一边收缩，那会是什么效果呢？你能让这个效果再现吗？一次不行就再试一次，相信你能行！

当 ▶ 被点击

将大小设为 90 %

✎ 全部擦除

移到 x: 0 y: 0

重复执行 ? 次

　✎ 图章

　右转 ↻ ? 度

　?

如果每次都想用 12 个角色组成一圈，那么需要重复执行多少次？

这里应该用什么指令块呢？颜色已经给了你提示。

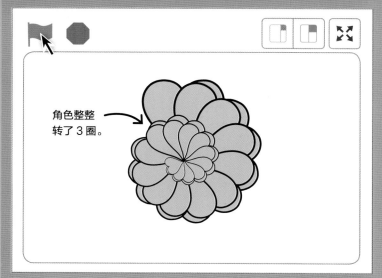

12 个角色图就这样组合在了一起。

角色整整转了 3 圈。

▢个图案中的角色数量，是刚才那个圆中角色数量的两倍。也就是说，虽然▢次代码重复执行的次数是之前的两倍，但角色转动的度数跟之前相比却变▢了。

在这段程序中，角色会旋转 3 圈，而且一边转一边缩小。

条件语句

目前，我们已经写了不少有趣的程序，接下来的程序……将更加有趣！当条件语句出现在程序中时，计算机便会根据一个条件是真还是假来做决定，于是你编写的程序自然就有了"随机应变"的本领。

条件语句的种类

这些橙色指令块便是条件语句。当你将蓝绿色的"条件"指令块放入其中，计算机便知道接下来该不该运行里面的代码。如果条件为真，那么计算机就会去做一件事；如果条件为假，那么计算机就会转而去做别的事，或者根本什么也不做。

条件指令块是
蓝绿色的。

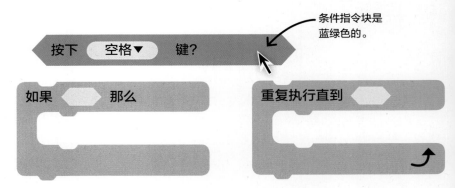

"如果 那么"条件语句会这样做：如果条件为真，那么它就会只运行自己里边的代码。

"重复执行直到"条件语句会这样做：只要条件为假，它就会将自己里边的代码一直重复执行下去。

条件是什么？

一个条件往往就是一段表述，这表述可能为真，也可能为假。举个例子，如果你按下键盘上的空格键，那么条件"按下空格键"便是真。在 Scratch 中，条件指令块是蓝绿色的，两端还有尖尖角。

一个角色可能会跟其他角色或舞台边缘发生碰撞。

按下 空格▼ 键?

如果键盘上有对应的按键被按下，那么条件"按下键"便是真。

碰到 舞台边缘▼ ?

如果角色触碰到了你所选的鼠标指针、其他角色或舞台边缘，那么这个"碰到"条件便是真。

碰到颜色 ?

如果角色触碰到了你所选的某一种颜色，那么这个"碰到颜色"条件便是真。

按下鼠标?

如果你点击了鼠标，那么这个"按下鼠标"条件便是真。

程序

想要挑战这个程序，一定要把握关键时机：当你觉得这只螃蟹
即撞到了舞台边缘时，应赶紧按下空格键。好好观察代码中的
条件语句和条件，看看你能不能分清。

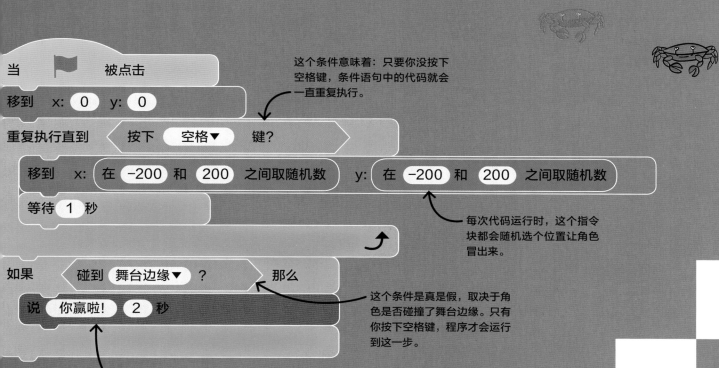

这个条件意味着：只要你没按下
空格键，条件语句中的代码就会
一直重复执行。

每次代码运行时，这个指令
块都会随机选个位置让角色
冒出来。

这个条件是真是假，取决于角
色是否碰撞了舞台边缘。只有
你按下空格键，程序才会运行
到这一步。

如果角色碰撞到舞台
边缘，那么"碰到舞台
边缘？"条件便是真，然后角色才会说出这
句话。否则程序就会结束。

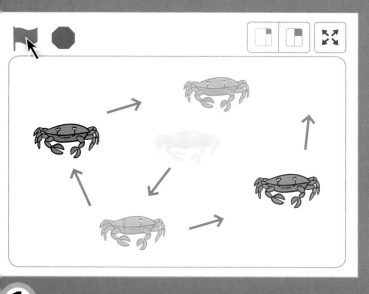

1 角色会在舞台上随意走来走去，直到你按下空格键。

2 如果你能在角色碰撞舞台边缘时按下空格键，你就赢了！

如果那么否则

如果条件是真，那么代码运行起来的感觉棒极了！可如果条件不是真呢？要是在"条件为假"时能运行另一套不同的代码，岂不是更棒！这就是我们要用到"如果那么否则"指令块的原因。"如果那么否则"指令块也是一种条件语句，不管条件是真是假，都能告诉计算机该做点儿什么。

程序

只要按下空格键，右图这段代码就可以让你的角色翩翩起舞，时而面朝左边，时而面朝右边。"重复执行"循环则会让"如果那么否则"指令块不断确认你的意思，判断是否该让角色迅速翻转。

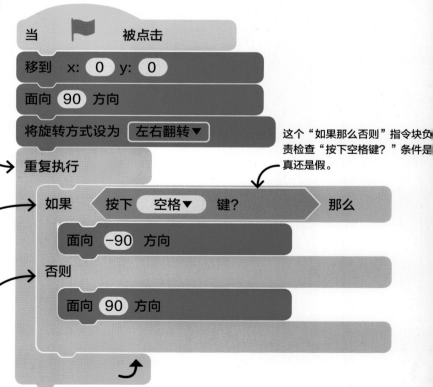

这个围绕在"如果那么否则"指令块外边的"重复执行"循环，会让程序不断确认是否按下空格键。

当"如果那么否则"指令块发现"按下空格键？"条件是真，那么角色就会面朝左边。

当"如果那么否则"指令块发现"按下空格键？"条件是假，那么角色就会面朝右边。

这个"如果那么否则"指令块负责检查"按下空格键？"条件是真还是假。

"如果那么否则"指令块

"如果那么否则"指令块属于条件语句，但它跟"如果那么"条件语句不同，跟"重复执行直到"条件语句也不同——它手里可掌握着两套代码呢。也就是说，你可以要求计算机根据条件的真假去做不同的事。

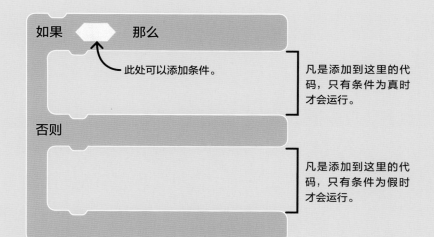

如果　　　　　　　那么

此处可以添加条件。

凡是添加到这里的代码，只有条件为真时才会运行。

否则

凡是添加到这里的代码，只有条件为假时才会运行。

实用小贴士

每次设计新程序时，切记在程序的一开始就添加确定角色位置的代码。假如没这样做，先前的代码可能会遗留一些设置，让角色做出一些不符合你指令的事情。

1 角色一开始面朝右侧，但只要你按下空格键，它就会迅速翻转为面朝左侧。

2 只要你没按下空格键，角色就会一直面朝右侧。但如果不停地按压、松开空格键，角色就会左右翻转，跳起活泼的舞蹈。

事件

学了这么多，回头看看你就会发现，我们每次运行代码，都是从点击绿旗开始的，对不对？其实，点击绿旗只是用来启动代码的"事件"，像它这样的"事件"可不止一种。你不妨再试试别的"事件"，在已编好的游戏程序里，用它启动一段新代码，这样一来，锦上添花，让游戏变得更有意思！

"事件"的种类

"事件"指令块会紧盯着某件事：只要这事情一发生，它便会投入工作，启动代码运行。比如说，你一点击绿旗，代码脚本就开始运行，很多程序都是如此。其实除了点击绿旗，别的一番操作也可以运行代码，比如点击某个角色、按下某个按键，或是有别的什么事件发生时。

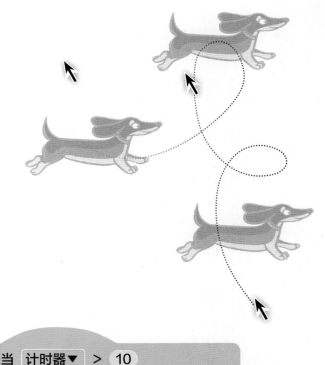

当 🚩 被点击

当你点击舞台顶端的绿旗，这个指令块便会开始运行与自己相连的这段代码。

当角色被点击

当你点击某个角色，这个"事件"指令块便会开始运行与自己相连的这段代码。

当 计时器▼ > 10

当计时器的数值大于 10（或是你选定的其他数值），跟这个指令块相连的代码就会开始运行。

当按下 空格▼ 键

只有按下空格键，与这个指令块相连的代码才会运行。

当背景换成 背景1▼

当舞台背景按照你的程序指令变为别的背景图时，这个指令块就会运行与它相连的代码。

这个事件指令块一旦启动，小狗便会在舞台上四处奔跑。

当 🏳 被点击

重复执行

　等待 0.5 秒

　移到　x: 在 −100 和 100 之间取随机数　y: 在 −100 和 100 之间取随机数

小狗会在舞台上的任意位置随机出现。

当你按下空格键，这个事件指令块会让小狗汪汪叫。

当按下　空格▼　键

说　汪汪！　2 秒

当你点击小狗，这个事件指令块会让小狗说："你捉住我了！"

当角色被点击

说　你捉住我了！　2 秒

移到　x: 0　y: 0

停止　全部脚本▼

举一反三

一旦明白游戏脚本的来龙去脉，你便可以改一改小狗换位置的速度，以增加游戏的难度。除此之外，还可以再添加一段代码，让舞台背景在你按下"↑"键时发生改变，这样游戏就越发有趣啦！

程序

同一程序中可以使用的事件指令块有很多个，你不妨多用几个试试，促成各种有趣的事情发生。比如在下边这个游戏代码中，你需要将这只跑来跑去的小狗捉住，或是让它汪汪叫。代码该如何编写，你能想得出来吗？

汪汪！

1 小狗会跑来跑去，当你按下空格键时，它会汪汪叫。

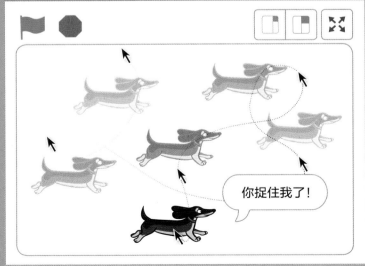

你捉住我了！

2 当你点击小狗，它会说："你捉住我了！"游戏也就此结束。

输入／输出

不论你是用鼠标点击某个角色，还是在键盘上按下某个按键，其实都是在向电脑"输入"信息。而这些输入，又影响着电脑屏幕上或扬声器里传来的"输出"。另外，网络摄像头也可以用来输入，这样一来，你还能跟游戏程序实现互动呢！

权限

接下来这个程序需要用到网络摄像头。Scratch 需要得到你的允许，才可以用你的网络摄像头实现输入。在 Scratch 网页中，当你点击视频侦测，浏览器会弹出一个对话框，提示禁止还是允许 Scratch 使用网络摄像头。若点击"允许"，则意味着你仅能在这个程序中使用网络摄像头。

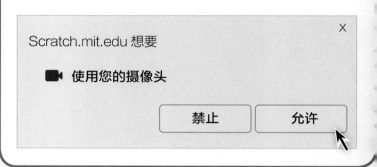

程序

在这个程序中，你需要让角色 1 去捉角色 2——那么靠什么来控制角色呢？挥动你的胳膊！

1 这个脚本会让一个角色在屏幕上跑来跑去，直到它碰撞到另一个角色。

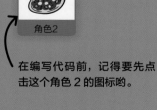

角色2

在编写代码前，记得要先点击这个角色 2 的图标哟。

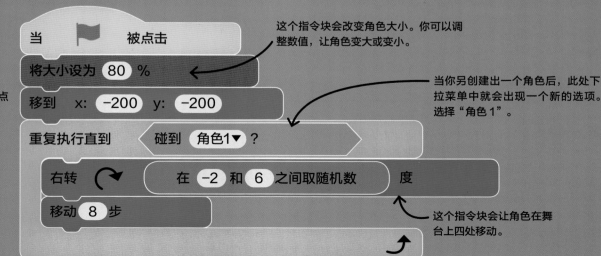

当 ▶ 被点击

将大小设为 80 %

移到 x: −200 y: −200

重复执行直到 碰到 角色1▼ ？

右转 ↻ 在 −2 和 6 之间取随机数 度

移动 8 步

这个指令块会改变角色大小。你可以调整数值，让角色变大或变小。

当你另创建出一个角色后，此处下拉菜单中就会出现一个新的选项。选择"角色 1"。

这个指令块会让角色在舞台上四处移动。

2

下边这个脚本是用来控制另一个角色的。角色会按照指令，朝着网络摄像头中你的动作方向移动。

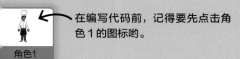
在编写代码前，记得要先点击角色1的图标哟。

角色1

当 ⚑ 被点击

移到 x: 0 y: 0

将大小设为 80 %

📹 摄像头 开启▼

📹 将视频透明度设为 50

这个指令块能让你在舞台上看见自己！只是看上去好像褪了点儿色——这是为了让你更清楚地看见角色。

重复执行直到 碰到 角色2▼ ？

面向 📹 相对于 角色▼ 的视频 方向▼

移动 5 步

这个指令块会让角色2随着你的动作转向移动。

说 你捉到它啦！ 2 秒

📹 摄像头 关闭▼

别忘了添加代码让摄像头在角色1捉住角色2后关闭。

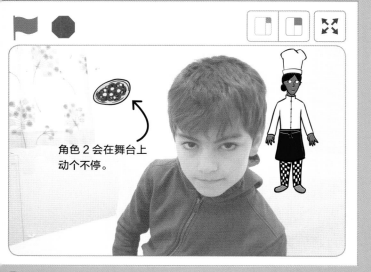

角色2会在舞台上动个不停。

你捉住它啦！

1
角色2会一直在舞台上四处跑动。你呢，就要借助网络摄像头不断摆出动作，好让角色1也随着你动起来去追角色2。

2
想方设法让角色1捉住角色2哟。一旦捉住了它，程序便结束了。

碰撞

当角色碰到了舞台边缘或别的角色时，便会发生"碰撞"。也就是说，每当两个物体相触碰，碰撞即发生。有些游戏里，你总是一门心思地想让两个物体碰撞；可在有些游戏里，你却要千方百计地避免碰撞！

碰撞哪里来？

在 Scratch 中，与碰撞紧密相关的是"碰到"条件指令块。如果你想确认两个物体在某一刻是否真的发生了触碰，或者，如果你想趁两个物体发生触碰时启动代码，好让新的事件发生，那么该怎么办呢？只要将"碰到"指令块放进相关的条件语句中就可以了。

> 碰到 舞台边缘▼ ?

这个条件表述的是角色触碰到了 / 没有触碰到舞台边缘。

程序

在这个游戏中，公主一心想逃脱恶龙的魔爪！你能助她一臂之力吗？首先我们需要制作一条长着翅膀的龙，而且这条恶龙在离开舞台边缘时能够复制（或者说"克隆"）它自己。有了这种克隆方法，我们就不必一直做新角色了。

1 这个代码会让一条龙在舞台上做水平移动，直至它撞到舞台边缘。与舞台边缘碰撞后，这条恶龙会自行消失；与此同时，一条新的恶龙出现在舞台上，并开始移动。

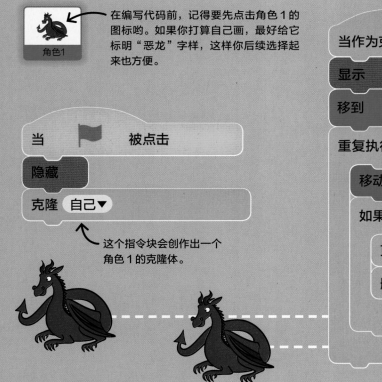

在编写代码前，记得要先点击角色1的图标哟。如果你打算自己画，最好给它标明"恶龙"字样，这样你后续选择起来也方便。

角色1

```
当 🚩 被点击
隐藏
克隆 自己▼
```

这个指令块会创作出一个角色1的克隆体。

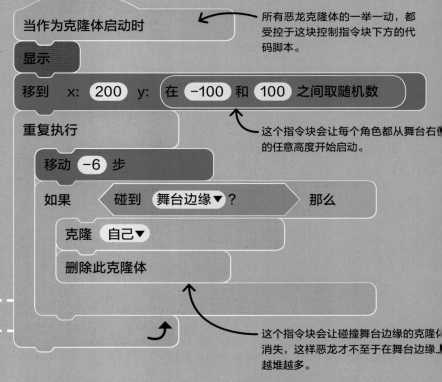

```
当作为克隆体启动时
显示
移到 x: 200 y: 在 -100 和 100 之间取随机数
重复执行
    移动 -6 步
    如果 < 碰到 舞台边缘▼ ? > 那么
        克隆 自己▼
        删除此克隆体
```

所有恶龙克隆体的一举一动，都受控于这块控制指令块下方的代码脚本。

这个指令块会让每个角色都从舞台右侧的任意高度开始启动。

这个指令块会让碰撞舞台边缘的克隆体消失，这样恶龙才不至于在舞台边缘越堆越多。

② 这个代码是用来控制公主的。当然，如果公主撞到恶龙或是撞到舞台边缘，她也会按照代码的指令说出"哎哟！"或"哎呀！"

角色2

在编写代码前，记得要先点击角色2的图标哟。

ⓘ 实用小贴士

如果你想在"碰到"指令块的下拉菜单里再选一个角色，就必须事先将这个新角色添加到角色列表中，不然在下拉菜单里是找不到它的。在编写代码前，务必将所有需要用到的角色都添加到角色列表中。

代码将角色2的大小设置为80%。你可以改一改这个数值，看看什么尺寸时玩起来最有意思！

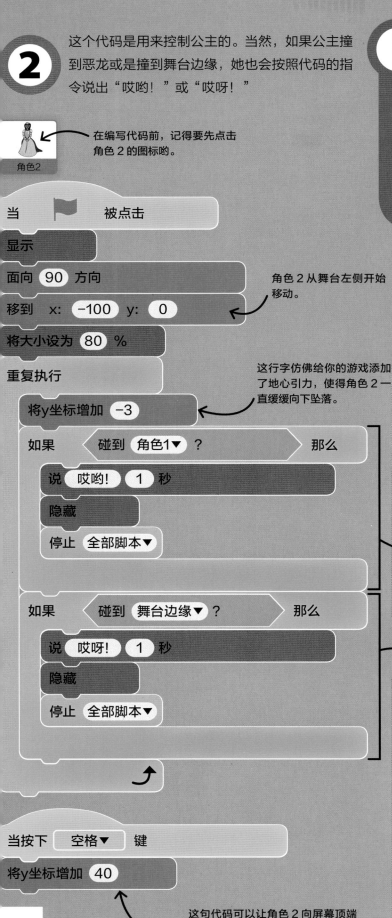

当 🚩 被点击

显示

面向 90 方向

移到 x: −100 y: 0

将大小设为 80 %

重复执行

　将y坐标增加 −3

　如果 〈 碰到 角色1▼ ？ 〉 那么

　　说 哎哟！ 1 秒

　　隐藏

　　停止 全部脚本▼

　如果 〈 碰到 舞台边缘▼ ？ 〉 那么

　　说 哎呀！ 1 秒

　　隐藏

　　停止 全部脚本▼

当按下 空格▼ 键

将y坐标增加 40

角色2从舞台左侧开始移动。

这行字仿佛给你的游戏添加了地心引力，使得角色2一直缓缓向下坠落。

这句代码可以让角色2向屏幕顶端移动。你得一直按住空格键，她才不会往下落。

哎哟！

一旦公主撞上恶龙，游戏便宣告结束。

哎呀！

如果公主跟舞台边缘相撞，游戏也会结束。

变量

有时候，程序或游戏中有些东西不是一成不变的，而是会发生相应的变化，需要我们加以留意——这时就要用到"变量"。变量是个占位符，你可以用它来存放数字——这数字不是僵死不变的，随着程序的运行它还会发生变化。比如记录游戏得分时，变量就可以派上大用场。

如何建立新的变量指令块？

在 Scratch 中，你可以亲自来创建变量。下图会告诉你该如何创建变量，将游戏得分记录下来。点击"变量"标记，即可看到该类目下与变量相关的指令块。

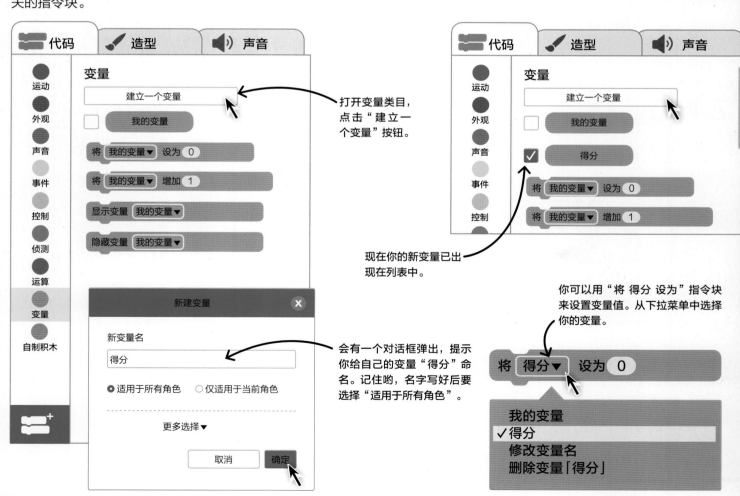

打开变量类目，点击"建立一个变量"按钮。

会有一个对话框弹出，提示你给自己的变量"得分"命名。记住哟，名字写好后要选择"适用于所有角色"。

现在你的新变量已出现在列表中。

你可以用"将 得分 设为"指令块来设置变量值。从下拉菜单中选择你的变量。

程序

在这个游戏中，我们会让粉红桃心一直向下沉。若是美洲驼捉住了桃心，变量就会让得分分值上升；反之，若是美洲驼没能捉住桃心，得分分值就会下降。

1 这个代码会让桃心在舞台上垂直下落。如果它"碰撞"到了美洲驼，得分就会加1；如果桃心一路掉到舞台底端，得分就会减1。

角色1

```
当 🚩 被点击
将 得分▼ 设为 0
显示
克隆 自己▼
隐藏
```

刚开始启动程序时，得分为0。

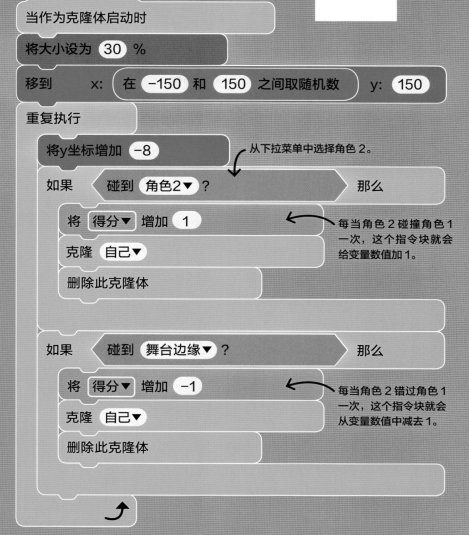

```
当作为克隆体启动时
将大小设为 30 %
移到 x: 在 -150 和 150 之间取随机数 y: 150
重复执行
    将y坐标增加 -8
    如果 碰到 角色2▼ ? 那么
        将 得分▼ 增加 1
        克隆 自己▼
        删除此克隆体

    如果 碰到 舞台边缘▼ ? 那么
        将 得分▼ 增加 -1
        克隆 自己▼
        删除此克隆体
```

从下拉菜单中选择角色2。

每当角色2碰撞角色1一次，这个指令块就会给变量数值加1。

每当角色2错过角色1一次，这个指令块就会从变量数值中减去1。

2 这些代码指令块会让美洲驼在你的操控下左右来回移动。

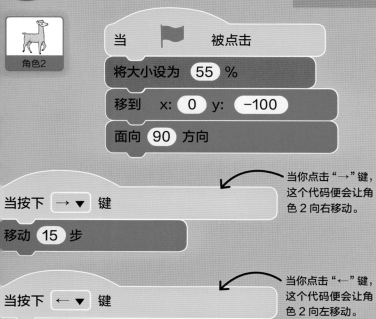

角色2

```
当 🚩 被点击
将大小设为 55 %
移到 x: 0 y: -100
面向 90 方向
```

```
当按下 →▼ 键
移动 15 步
```

当你点击"→"键，这个代码便会让角色2向右移动。

```
当按下 ←▼ 键
移动 -15 步
```

当你点击"←"键，这个代码便会让角色2向左移动。

你的"得分"变量将会出现在舞台的左上角。

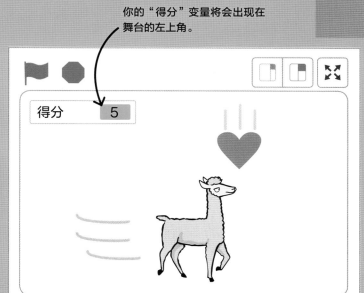

得分 5

岩田聪

电子游戏程序设计员・生于1959年・来自日本

岩田聪一向爱玩电子游戏，当他还是个小孩子的时候，他就已经对电子游戏的创作开发产生了浓厚的兴趣。后来，岩田聪当上了任天堂的社长——任天堂是全球电子游戏软硬件的开发巨头，公司总部位于日本。

早年教育

当年岩田聪开发出第一款电子游戏时，还只是个在校学生！这款游戏是他在一个可编程计算器上设计出来的。后来，岩田聪考上了日本东京工业大学，并继续深造计算机科学。也正是在那里，他学到了开发电子游戏程序所要用到的本领。

任天堂

说起电子游戏制造商任天堂出品的诸多游戏，其许多程序设计都有岩田聪的功劳。2002 年，岩田聪成为任天堂第四任社长，并将掌上任天堂 DS（handheld Nintendo DS）、任天堂 Wii 游戏机（Nintendo Wii）等游戏机成功投向市场。

精灵宝可梦 GO

岩田聪还参与了精灵宝可梦 GO 的制作。这是一款由任天堂、奈安蒂克和宝可梦公司联合研发的手机游戏。在游戏中，借助于手机摄像头，一种名叫宝可梦的虚拟生物便会出现在手机屏幕上，仿佛真的生活在现实世界中，而游戏用户则要想办法捕捉到它们。

"岩田问"

岩田聪曾组织并主持跟任天堂程序员的访谈，大家一起谈论任天堂的游戏、硬件，当然也会谈到程序员自己。这一系列访谈被制作成视频记录下来，人称"岩田问"，游戏爱好者还可以从中了解游戏的制作过程等。

任天堂 DS

掌上任天堂 DS 是任天堂最受欢迎的游戏机之一。2004 年，岩田聪负责该款游戏机的发行。DS 与以往掌上游戏机的不同之处在于：它使用了双屏幕显示，其中下方屏幕为触摸屏，并且配有一支触控笔。

函数

你想要在多个地方多次重复执行一段代码，可又想趁它重复运行的间隙做点儿别的事，该怎么办呢？——有请函数登场！你可以把以后想再用的某段特殊代码编写成函数。等到编程真要用到它时，你就可以直接调用那个函数。

如何制作函数指令块？

跟变量一样，要想在编程过程中顺利用上函数，你必须先自己动手制作函数指令块才行。一个函数的代码包含两个部分：定义指令块和名称指令块。你可以在"自制积木"类目里制作函数。接下来，让我们一起制作一个能让角色画出三角形的函数吧。

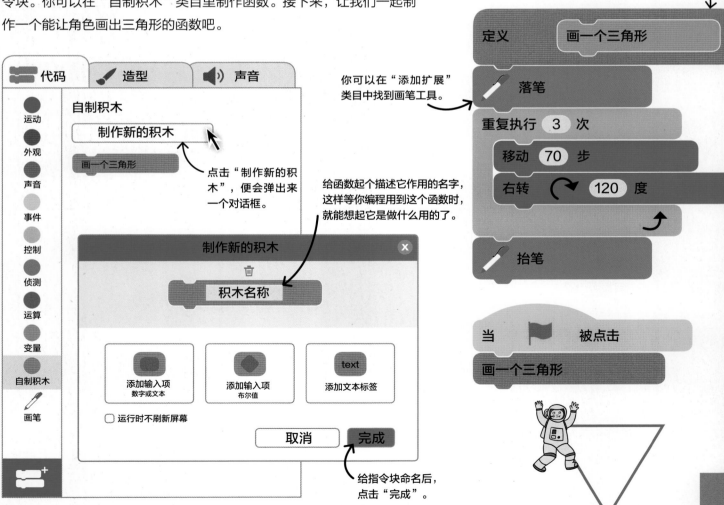

在"定义"指令块下方添加你想要用的代码，即可完成函数。接下来，这个函数就可以在脚本里助你一臂之力了。

点击"制作新的积木"，便会弹出来一个对话框。

你可以在"添加扩展"类目中找到画笔工具。

给函数起个描述它作用的名字，这样等你编程用到这个函数时，就能想起它是做什么用的了。

给指令块命名后，点击"完成"。

程序

当你需要多次重复执行一小段代码时，请函数代劳是不错的选择。但这还不是函数最拿手的，等你在同一程序中一而再再而三地用到它时，才能真正见识到函数的能耐有多大。现在我们就以刚才那个画三角形的函数为例，让它在程序里反复发挥作用，指挥宇航员设计出一些美丽的图案来吧。

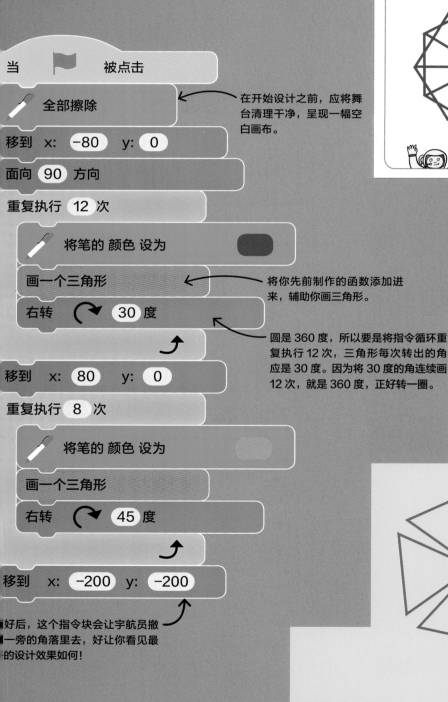

当 🏳 被点击

全部擦除 — 在开始设计之前，应将舞台清理干净，呈现一幅空白画布。

移到 x: -80 y: 0

面向 90 方向

重复执行 12 次

将笔的 颜色 设为 ⬤

画一个三角形 ← 将你先前制作的函数添加进来，辅助你画三角形。

右转 ↻ 30 度 — 圆是 360 度，所以要是将指令循环重复执行 12 次，三角形每次转出的角应是 30 度。因为将 30 度的角连续画 12 次，就是 360 度，正好转一圈。

移到 x: 80 y: 0

重复执行 8 次

将笔的 颜色 设为 ⬤

画一个三角形

右转 ↻ 45 度

移到 x: -200 y: -200

画好后，这个指令块会让宇航员撤到一旁的角落里去，好让你看见最后的设计效果如何！

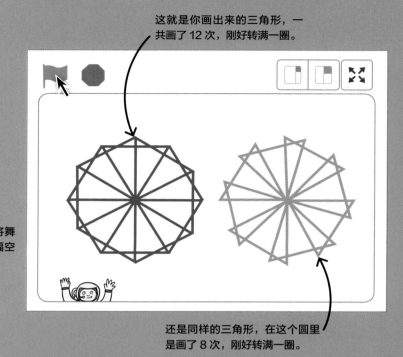

这就是你画出来的三角形，一共画了 12 次，刚好转满一圈。

还是同样的三角形，在这个圆里是画了 8 次，刚好转满一圈。

➡ 举一反三

你还能用这个三角形函数画出别的图案吗？如果改变重复执行的次数，三角形需要旋转多少度？又会出现什么效果呢？

带参数的函数

有件事需要你一而再、再而三地做，可每次做的方法却不能一模一样，该怎么办呢？这时就要用到一种能容你做些改动的函数，即带参数的函数。参数是一种变量，随着它的变化，函数也能视情况改变而灵活运行，因地制宜。

如何制作带参数的函数指令块？

接下来，我们一起来制作"画一个正方形"指令块。首先点击"制作新的积木"，然后给函数命名。命名时记得选择"添加输入项"，并将输入项命名为"大小"。这个输入项正是该函数中的参数，改变正方形大小就得靠它了。

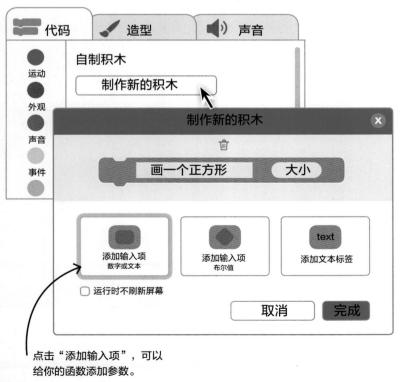

点击"添加输入项"，可以给你的函数添加参数。

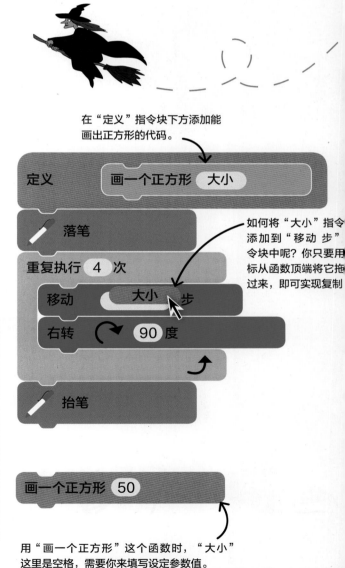

在"定义"指令块下方添加能画出正方形的代码。

如何将"大小"指令添加到"移动 步"令块中呢？你只要用标从函数顶端将它拖过来，即可实现复制

用"画一个正方形"这个函数时，"大小"这里是空格，需要你来填写设定参数值。

程序

现在，我们就来运行带参数的函数指令块，看看怎样用大小不一的正方形拼出一个美妙的图案。每做一个新正方形时，只要添加先前做好的函数，再设置好正方形的大小参数值就可以了。

当 🚩 被点击

🖊 全部擦除

移到 x: -30 y: 90

面向 90 方向

重复执行 10 次
> 画一个正方形 20
>
> 移动 60 步
>
> 画一个正方形 55
>
> 右转 ↻ 36 度

> 这个带参数的函数指令块画了一个边长为 20 个像素的正方形。

> 这个带参数的函数指令块画了一个边长为 55 个像素的正方形。

每重复一次执行指令，角色相对于中心点的位置都会转动 36 度。因为一个圆是 360 度，所以这个循环需要重复 10 次。

移到 x: 0 y: 0

> 这句指令会让角色移动到一个新位置，开始画第二个由正方形组成的圆。

重复执行 9 次
> 画一个正方形 30
>
> 右转 ↻ 40 度

移到 x: -200 y: -200

这个代码一共画了三种不同尺寸的正方形，可你却不必费神制作三种不同的函数，只需制作一个带参数的函数，便足够了。

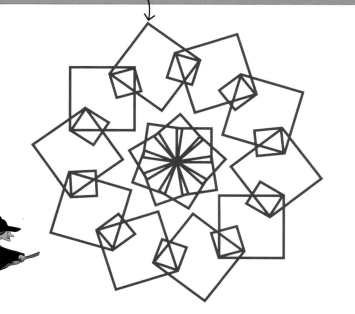

举一反三

试着改变一下"大小"这个参数值，看看图案会发生什么变化。你做出的正方形，最大的有多大？最小的有多小？

分解

就算你心里清楚自己要用程序做什么，一旦实际操作起来，难免会有不知道该用什么指令块、该怎样让计算机运行的时候。所以我们需要分解问题——将它拆解成更小的部分，这样一来，每个部分该如何编程就一目了然了。

算法

在下边这个算法中，计算机先请用户选取单词，然后将单词倒着拼读出来。在将这个算法转换成代码之前，我们需要先对它进一步拆解分析：在这么多步骤中，你能看出哪些步骤单靠一个指令块就能完成，而哪些步骤还需要分解吗？

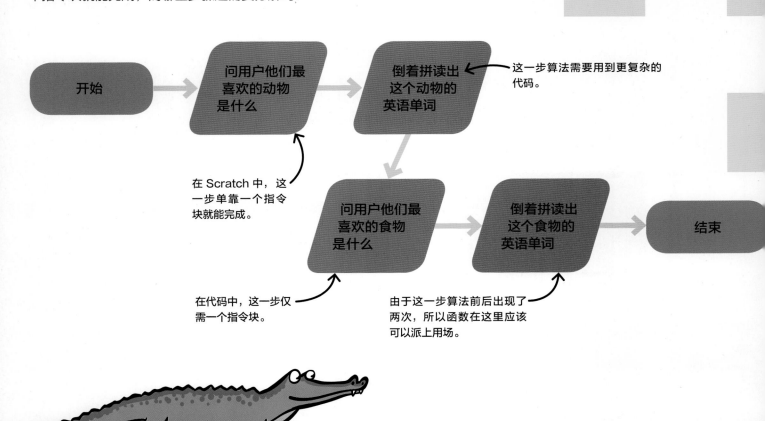

开始 → 问用户他们最喜欢的动物是什么 → 倒着拼读出这个动物的英语单词

这一步算法需要用到更复杂的代码。

在 Scratch 中，这一步单靠一个指令块就能完成。

问用户他们最喜欢的食物是什么 → 倒着拼读出这个食物的英语单词 → 结束

在代码中，这一步仅需一个指令块。

由于这一步算法前后出现了两次，所以函数在这里应该可以派上用场。

分解算法

Scratch 里没有哪个单一指令块能倒着拼读单词，所以要实现这一步得靠分解。我们需要将这步思考一番，看看还需要将它拆解成哪些更小的步骤。而且，由于这个步骤前后出现过两次，你可以做一个带参数的函数，这样节省时间！

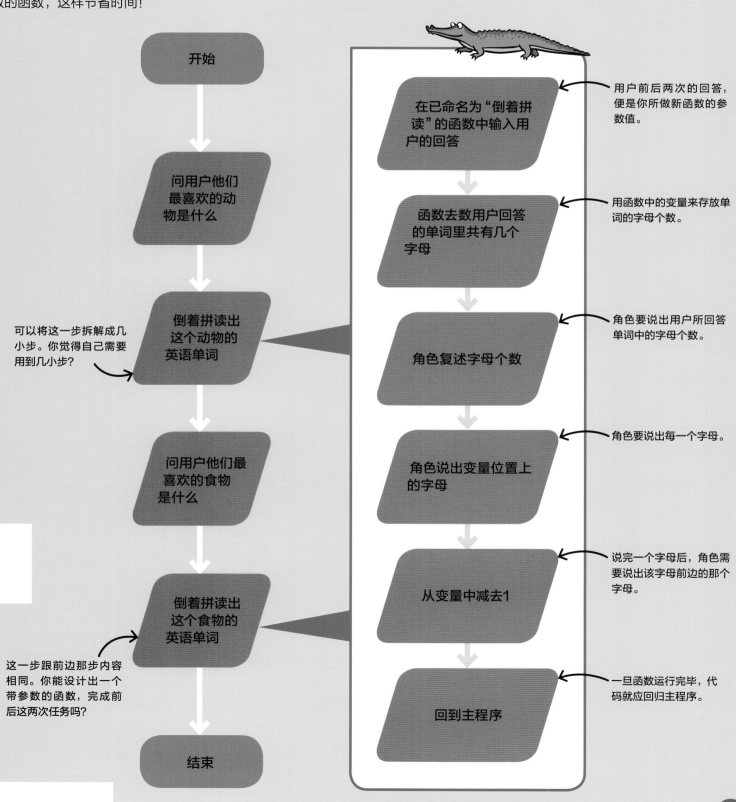

开始

问用户他们最喜欢的动物是什么

可以将这一步拆解成几小步。你觉得自己需要用到几小步？

倒着拼读出这个动物的英语单词

问用户他们最喜欢的食物是什么

倒着拼读出这个食物的英语单词

这一步跟前边那步内容相同。你能设计出一个带参数的函数，完成前后这两次任务吗？

结束

在已命名为"倒着拼读"的函数中输入用户的回答

用户前后两次的回答，便是你所做新函数的参数值。

函数去数用户回答的单词里共有几个字母

用函数中的变量来存放单词的字母个数。

角色复述字母个数

角色要说出用户所回答单词中的字母个数。

角色说出变量位置上的字母

角色要说出每一个字母。

从变量中减去1

说完一个字母后，角色需要说出该字母前边的那个字母。

回到主程序

一旦函数运行完毕，代码就应回归主程序。

制作新指令块

给步骤做完拆解后我们发现，这次程序设计不但要用到变量，还要用到新的函数。那么如何制作相关的新指令块呢？你可以在"变量"和"自制积木"类目下的指令块面板里进行操作。制作时要记住哦，不管是给哪个指令块命名，起的名字都要能提醒你该指令块的用处，这样后续操作才会得心应手。

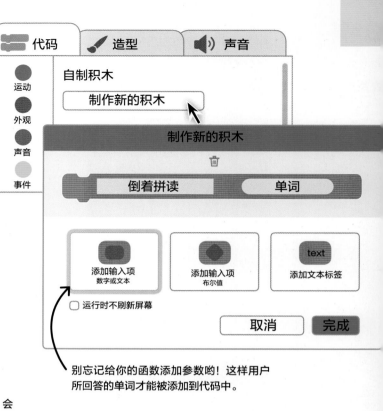

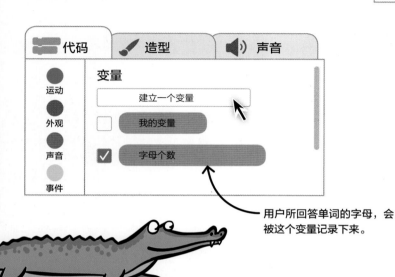

用户所回答单词的字母，会被这个变量记录下来。

别忘记给你的函数添加参数哟！这样用户所回答的单词才能被添加到代码中。

定义你的函数

一旦到了该倒着拼读单词的时候，函数它该做些什么呢？我们现在就告诉它！开动脑筋，让代码指令块能跟算法中拆解出来的诸多小步骤匹配上。

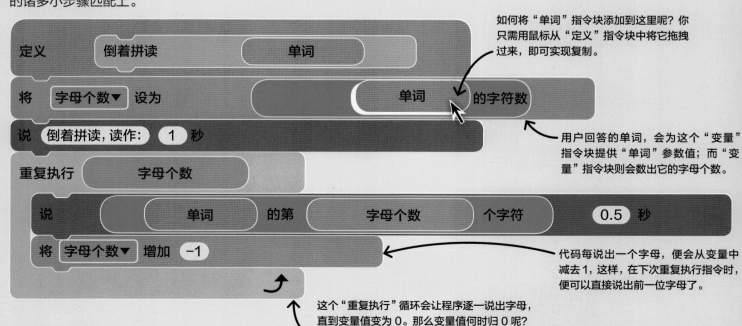

如何将"单词"指令块添加到这里呢？你只需用鼠标从"定义"指令块中将它拖拽过来，即可实现复制。

用户回答的单词，会为这个"变量"指令块提供"单词"参数值；而"变量"指令块则会数出它的字母个数。

代码每说出一个字母，便会从变量中减去 1，这样，在下次重复执行指令时，便可以直接说出前一位字母了。

这个"重复执行"循环会让程序逐一说出字母，直到变量值变为 0。那么变量值何时归 0 呢？当然是整个单词拼读完毕的时候啦。

程序

万事俱备，现在你可以开始编写整个脚本啦。程序启动运行后，角色会先让用户输入问题的答案，然后将用户回答的单词倒着拼读出来。

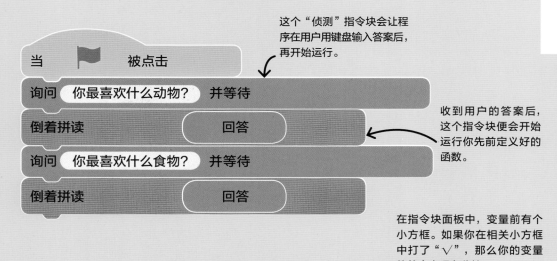

这个"侦测"指令块会让程序在用户用键盘输入答案后，再开始运行。

收到用户的答案后，这个指令块便会开始运行你先前定义好的函数。

在指令块面板中，变量前有个小方框。如果你在相关小方框中打了"√"，那么你的变量值就会出现在此处。

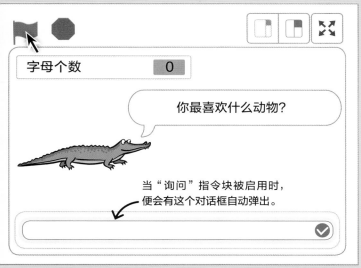

当"询问"指令块被启用时，便会有这个对话框自动弹出。

1 首先程序会问用户最喜欢什么动物，在舞台底端会出现一个对话框。输入你的回答后，点击"√"。

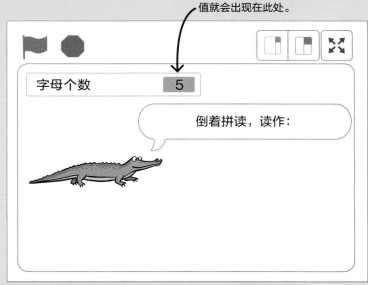

2 程序会去数你所回答单词的字母个数。举个例子，你输入"horse"，因该单词中有五个字母，所以舞台上将呈现数字"5"。

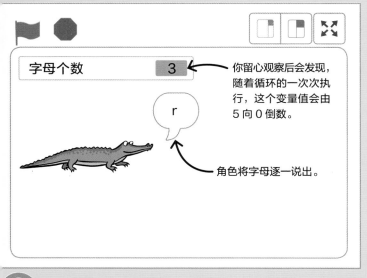

你留心观察后会发现，随着循环的一次次执行，这个变量值会由5向0倒数。

角色将字母逐一说出。

3 角色会从后往前将单词字母逐一拼读。当变量变为0，拼读完毕。

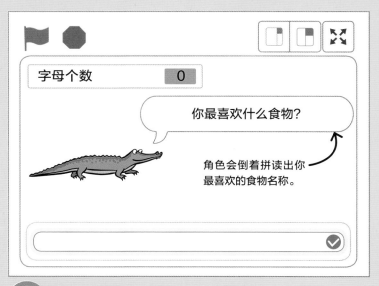

角色会倒着拼读出你最喜欢的食物名称。

4 一旦函数运行完毕，代码便会回归主程序，开始问你下一个问题。

程序

下边这些脚本能让舞台上的变色龙改变造型、颜色和大小。可它们实在太长了，其实完全没必要编成这样。现在请你仔细观察一下，看看其中有没有什么重复执行模式，是可以用函数取而代之的。

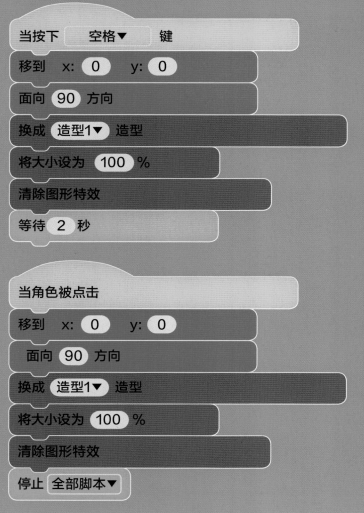

当按下 空格▼ 键

移到 x: 0 y: 0

面向 90 方向

换成 造型1▼ 造型

将大小设为 100 %

清除图形特效

等待 2 秒

当角色被点击

移到 x: 0 y: 0

面向 90 方向

换成 造型1▼ 造型

将大小设为 100 %

清除图形特效

停止 全部脚本▼

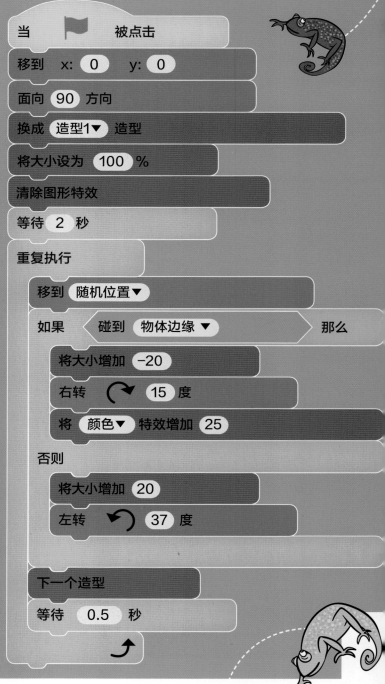

当 🚩 被点击

移到 x: 0 y: 0

面向 90 方向

换成 造型1▼ 造型

将大小设为 100 %

清除图形特效

等待 2 秒

重复执行

　移到 随机位置▼

　如果 碰到 物体边缘▼ 那么

　　将大小增加 −20

　　右转 15 度

　　将 颜色▼ 特效增加 25

　否则

　　将大小增加 20

　　左转 37 度

　下一个造型

　等待 0.5 秒

模式匹配

有时候，某些代码段在这个程序中可以用，在其他类似的程序中也可以用。如果学会在脚本中发掘这类模式，就能找到可重复利用的代码。你甚至可以将其做成函数，日后随取随用，信手拈来。

制作函数

在这个脚本中，有三处指令都是让变色龙站在舞台中央、面向舞台右侧，之后再重置造型、大小和颜色。你能找到这三处指令在哪里吗？而我们只需要用一个函数，就可以将它们全部取代。

将三个脚本中重复出现的这段代码，添加到函数"重置"中，以此来定义该函数。

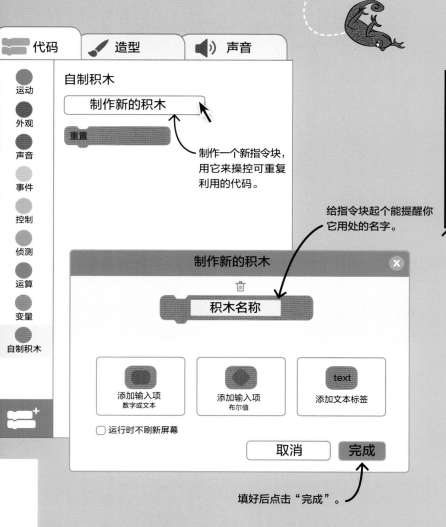

代码	造型	声音

运动
外观
声音
事件
控制
侦测
运算
变量
自制积木

自制积木

制作新的积木

重置

制作一个新指令块，用它来操控可重复利用的代码。

给指令块起个能提醒你它用处的名字。

制作新的积木 ✕

积木名称

添加输入项 数字或文本	添加输入项 布尔值	text 添加文本标签

○ 运行时不刷新屏幕

取消　　完成

填好后点击"完成"。

定义　重置

移到　x: 0　y: 0

面向 90 方向

换成 造型1▼ 造型

将大小设为 100 %

清除图形特效

所有这些指令块，都会按照先前脚本中的顺序被重复执行。

重置

现在，我们可以用函数来运行这三个脚本啦！

举一反三

如果不想让变色龙每次都在中央出现，那该怎么办呢？你能给这个"重置"函数添加一个参数，让角色每次都能在不同位置上运行该函数吗？

定义　重置 位置

三个函数

在编写程序之前，你需要先将这三个函数制作出来。它们三个对角色大小和颜色的设置各不相同。

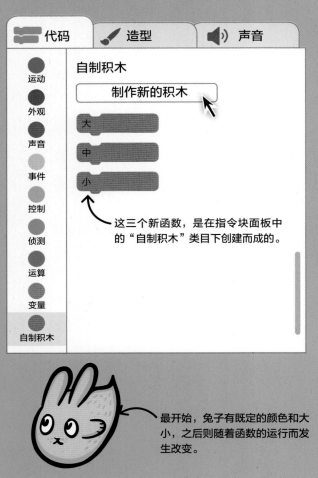

这三个新函数，是在指令块面板中的"自制积木"类目下创建而成的。

最开始，兔子有既定的颜色和大小，之后则随着函数的运行而发生改变。

这个函数将兔子的颜色特效设定为 110，大小设定为 110%。

定义 大

将 颜色▼ 特效设定为 110

将大小设为 110 %

这个函数将兔子的颜色特效设定为 75，大小设定为 75%。

定义 中

将 颜色▼ 特效设定为 75

将大小设为 75 %

这个函数将兔子的颜色特效设定为 50，大小设定为 50%。

定义 小

将 颜色▼ 特效设定为 50

将大小设为 50 %

抽象化

有些东西细节太多，很容易让人忽视其本质上的关键内容。在接下来这个程序里，我们会给出三个不同的函数，请你将那些可有可无的细节剔除掉，后续完全可以把它们作为参数来使用。像这种简化代码、让它变得更简单的做法，就叫抽象化。

程序

这个程序会让兔子由大变小，再由小变中等，而且每次颜色都会随之改变。

起初兔子变得非常大，之后又缩小。

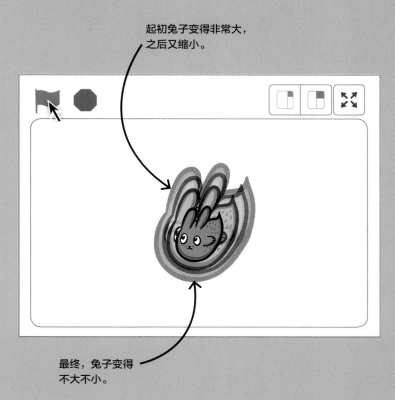

1

下边这个函数改变了兔子的大小和颜色，并且每次变化的间隙都会有停顿，这样你便可以将整个变化过程尽收眼底。

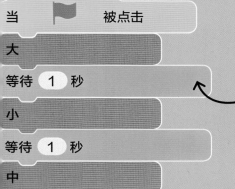

"等待"指令块可以让代码运行得慢一些，这样你就能清晰地看到颜色和大小的变化了。

最终，兔子变得不大不小。

2

其实，若想让这段程序运行，没必要非给出三个函数——毕竟做函数是要花费时间的。那怎么办呢？你可以制作一个带参数的函数呀！

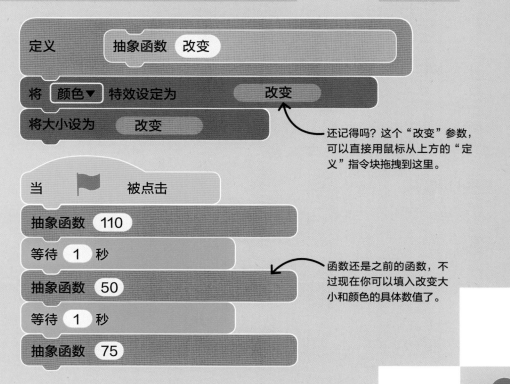

还记得吗？这个"改变"参数，可以直接用鼠标从上方的"定义"指令块拖拽到这里。

函数还是之前的函数，不过现在你可以填入改变大小和颜色的具体数值了。

比尔・盖茨

程序设计员兼企业家等・出生于1955年・来自美国

比尔・盖茨是世界知名计算机公司——微软的联合创始人。盖茨在年纪还小的时候就已经学习代码了，一路走来，盖茨最终在软件开发方面取得了巨大成功。现如今，众所周知，盖茨和妻子正共同致力于慈善事业。

到 20 世纪 90 年代，微软的 Windows 操作系统已成为众多个人电脑操作系统的首选。

适用于 Altair 8800 计算机的 BASIC 语言

20 世纪 70 年代大行其道的个人电脑之一，便是 Altair 8800。盖茨和儿时好友保罗・艾伦共同设计出一款名为 Altair BASIC 解译器的程序。它的诞生意味着 Altair 电脑可以用 BASIC 语言进行编程了。

早年教育

盖茨小时候那会儿，计算机在校园里还是稀罕物。不过盖茨幸运地接触到一台，他如获至宝，自己动手编写出一套计算机程序，用来在电脑上玩画圈打叉的游戏（两个人轮流在井字形九格中画圈或打叉，先将三个圈或叉连成一线者获胜）。盖茨用的是 BASIC 语言的早期版本，这种编程语言在当时非常流行。

Altair 8800 计算机

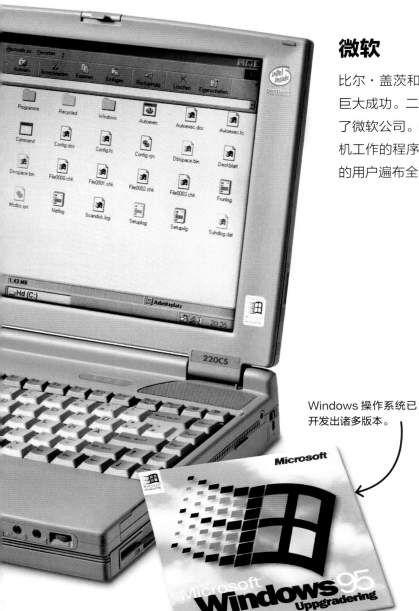

微软

比尔·盖茨和保罗·艾伦凭借 Altair BASIC 解译器获得了巨大成功。二人以微软之名继续研发计算机软件，后来成立了微软公司。他们还开发了诸多处理系统，也就是能让计算机工作的程序。如今，使用微软视窗操作系统（Windows）的用户遍布全球。

Windows 操作系统已开发出诸多版本。

哈佛大学

高中毕业后，盖茨就读于哈佛大学，这是一所位于美国马萨诸塞州的顶尖学府。在哈佛，他兼修数学和计算机科学两门专业。然而，为了专心开发软件，盖茨最终尚未完成学业便离开了哈佛。

慈善事业

2000 年，比尔·盖茨和妻子梅琳达设立了一个名叫"比尔及梅琳达·盖茨基金会"的慈善组织，旨在改善人类的教育和健康问题，尤其为贫困群体提供帮助。基于他们对慈善事业做出的贡献，美国总统贝拉克·奥巴马为比尔和梅琳达夫妇颁发了总统自由勋章。该勋章是美国最高的平民荣誉之一，获奖者皆对社会做出了重要贡献。

2016 年，美国总统贝拉克·奥巴马为比尔和梅琳达颁发总统自由勋章。

改编

所谓对项目进行改编，就是对你创作完成的程序加以改变，或是再往里边添加些什么，好让程序用起来更顺畅、更适合你。改编可以作为团队合作的形式之一；如果你想给自己已经做好的项目添加变量，也可以采用改编这个妙法。

程序

在接下来这个程序中，你可以借助网络摄像头让角色四处移动，并且形成模式。你能用自己在这本书中学到的本领来改编它，让它表现得更加出彩吗？

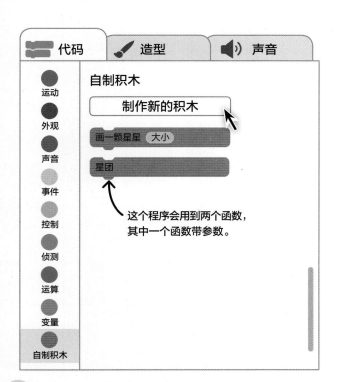

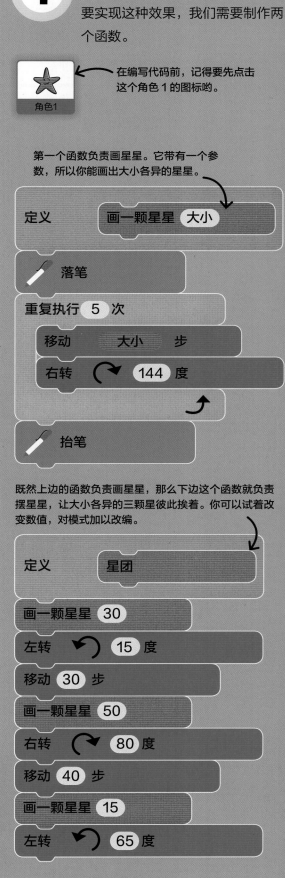

1 一旦你碰撞了角色，程序就会让舞台上出现包含有三颗星的星团。若要实现这种效果，我们需要制作两个函数。

在编写代码前，记得要先点击这个角色1的图标哟。

角色1

第一个函数负责画星星。它带有一个参数，所以你能画出大小各异的星星。

定义   画一颗星星 大小

落笔

重复执行 5 次
移动 大小 步
右转 144 度

抬笔

既然上边的函数负责画星星，那么下边这个函数就负责摆星星，让大小各异的三颗星彼此挨着。你可以试着改变数值，对模式加以改编。

定义   星团

画一颗星星 30
左转 15 度
移动 30 步
画一颗星星 50
右转 80 度
移动 40 步
画一颗星星 15
左转 65 度

当 ⚑ 被点击

📷 摄像头 开启▼

📷 将视频透明度设为 50

✏️ 全部擦除 ← 程序开始时，这个指令块会将舞台清理干净。

✏️ 抬笔

移到 x: -100 y: 0

将大小设为 40 %

重复执行

　如果 ⟨ 📷 相对于 角色▼ 的视频 运动▼ > 20 ⟩ 那么

　　✏️ 抬笔

　　移到 随机位置▼

　　星团

　　移到 x: 在 -200 和 200 之间取随机数 y: 0

　　面向 90 方向

角色一旦侦测到网络摄像头中的动作，便会随机跳到一个位置，并画出一簇星团。

y 值为 0，说明角色终归会回到舞台中间的水平线上。

权限

接下来这个程序需要用到网络摄像头。Scratch 需要得到你的允许，才可以用你的网络摄像头实现输入。在 Scratch 网页中，当你点击视频侦测，浏览器会弹出一个对话框，提示禁止还是允许 Scratch 使用网络摄像头。若点击"允许"，则意味着你仅能在这个程序中使用网络摄像头。

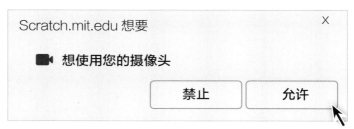

Scratch.mit.edu 想要　　　　　　　　　　X

　📷 想使用您的摄像头

　　　　　　　禁止　　　　允许

1 角色在舞台中间的水平线上出现，只有当你触碰它时，它才会移动。

2 随着你的触碰，角色在舞台上跳来跳去，所到之处会留下一簇星团。

127

角色2

2 我们再来看看该程序中的第二个角色。每当你"摸到"它，它就会给舞台印上一个图章，图章有大有小，尺寸各不相同。你想让它印出更多（或是更少）的图章吗？或者，你想让它一旦被你"摸到"就变色吗？试试改编吧。

在编写代码前，记得要先点击这个角色2的图标哟。

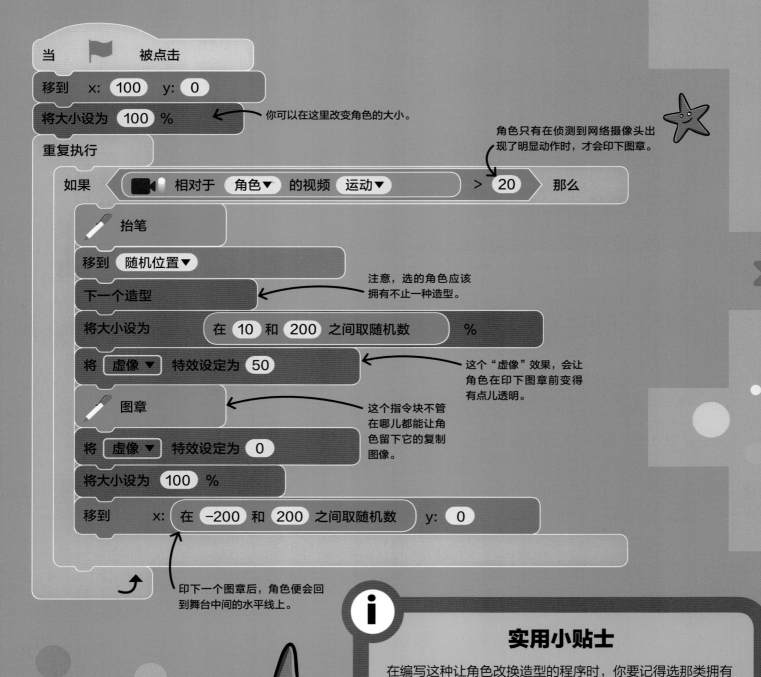

当 🚩 被点击

移到 x: 100 y: 0

将大小设为 100 % —— 你可以在这里改变角色的大小。

角色只有在侦测到网络摄像头出现了明显动作时，才会印下图章。

重复执行

如果 🎥 相对于 角色▼ 的视频 运动▼ > 20 那么

🖊 抬笔

移到 随机位置▼

下一个造型 —— 注意，选的角色应该拥有不止一种造型。

将大小设为 在 10 和 200 之间取随机数 %

将 虚像▼ 特效设定为 50 —— 这个"虚像"效果，会让角色在印下图章前变得有点儿透明。

🖊 图章 —— 这个指令块不管在哪儿都能让角色留下它的复制图像。

将 虚像▼ 特效设定为 0

将大小设为 100 %

移到 x: 在 -200 和 200 之间取随机数 y: 0

印下一个图章后，角色便会回到舞台中间的水平线上。

ⓘ 实用小贴士

在编写这种让角色改换造型的程序时，你要记得选那类拥有不止一种造型的角色。当然，你也可以亲自给角色设计一些其他的造型。

3 一旦你和角色 3 碰撞，它就会把屏幕上的一切删个精光。当舞台上太过凌乱时，你刚好可以用它来清理屏幕。

角色3

在编写代码前，记得要先点击这个角色 3 的图标哟。

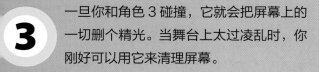
当 🚩 被点击
移到 x: 0 y: 0
将大小设为 70 %
重复执行

"重复执行"指令块：不管何时，只要你触碰到角色 3，程序就会运行下方这段代码，且运行不止一次。

如果 📹 相对于 角色▼ 的视频 运动▼ > 20 那么

✏ 抬笔

移到 随机位置▼

✏ 全部擦除 ← 一旦被触碰，这个角色便会删除所有的星团和图章。

移到 x: 在 −200 和 200 之间取随机数 y: 0

面向 90 方向

举一反三

对了，你还可以改编代码，添加新的角色和效果呢！这样就越玩越有趣啦！

3 挥动双手吧，好让角色 1 和角色 2 画出图案来；或者触碰一下角色 3，让它清理一下舞台。

微型电脑

我们平时用的计算机要比微型计算机大好多倍，但两者的基本部件其实是一样的，而且微型计算机能小到可以放入人的手掌里！别看它尺寸小，其方方面面的配置，照样能满足你创作研发新产品的需要——比如做个机器人！

DIY 机器人

你只需在家将元件组配起来就能制作出这个叫马蒂的机器人。在树莓派上使用 Scratch、Python 或 JavaScript 编程语言都可以实现对它的操控。你可以让它按照程序走路或是跳舞。

micro:bit

micro:bit 内置有按钮和由 LED 灯组成的点阵。这意味着，只要你设计好程序，就可以用 micro:bit 玩游戏，不需要其他附加装置。

这些芯片看起来虽小，功能却非常强大。

有了电池盒接口，你就可以随时随地玩自创游戏！

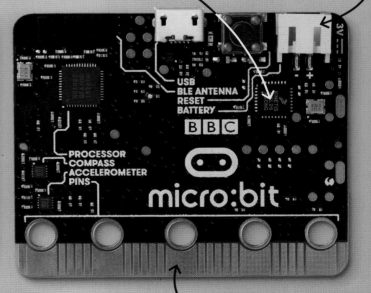

在程序运行过程中，你可以用 micro:bit 上的这个按钮输入信息。

这 25 个 LED 灯组成的点阵会按照你的程序设计显示字母、数字或图画。

在 micro:bit 连接器的边缘有很多铜制外部接口，有了它，你就可以将其他设备（比如扬声器）连接到 micro:bit 上，或者用它为设备编程。

树莓派

你可以用树莓派为任何东西设计程序——从触屏平板电脑到人形机器人皆可，但具体要看它连接了哪些硬件。

这两个 USB 接口是用来连接其他设备的，就跟你将设备连接到家用电脑上的方法一样。

输入和输出针脚是用来添加硬件的。

这个小芯片负责管控 USB 和以太网端口。

树莓派内置有无线上网功能，同时还有以太网端口，所以你既可以用无线，也可以用有线将树莓派与互联网相连。

通过微型 USB 接口连接电源。

音频插孔连接器（audio jack connection）和高清多媒体接口插槽（HDMI slot）用于连接屏幕和扬声器。

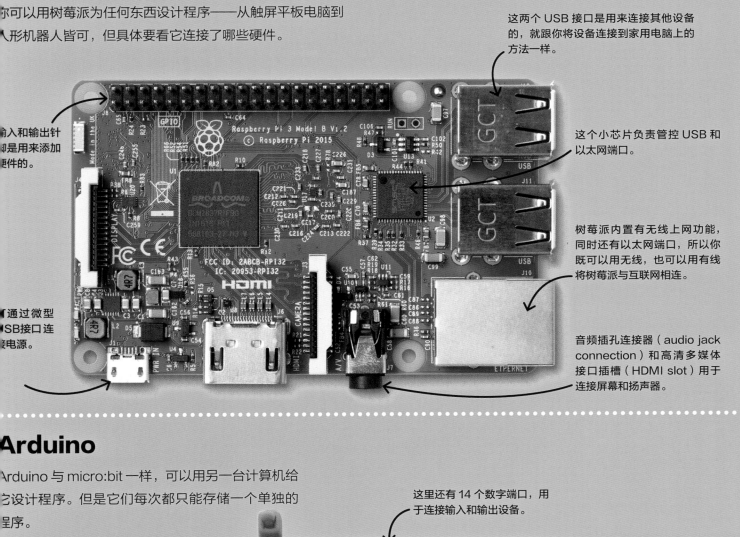

Arduino

Arduino 与 micro:bit 一样，可以用另一台计算机给它设计程序。但是它们每次都只能存储一个单独的程序。

这里还有 14 个数字端口，用于连接输入和输出设备。

UNO 就是 Arduino 的一种。

用一根 USB 线将 Arduino 连到计算机后，即可按照你的想法为它设计程序。

有了这个桶形电源插孔连接器，即使不连接电源，你也可以连接电池并运行程序。

这块板子可以让你选择各种电力，具体要看你的设备所需的功率。

如何连接 micro:bit

为了用 Scratch 给 micro:bit 设计程序，你需要做一些准备，具体如下。

必需条件：

💻 Windows 10 version 1709+
或者 mac OS 10.13+　　🅱 蓝牙 4.0　　🆂 Scratch Link

① **安装 Scratch Link 和 micro:bit HEX**
征得大人的同意后，下载并安装 Scratch Link 和 micro:bit HEX。这两个程序软件，可以在下边这个网页找到：
https://scratch.mit.edu/microbit
按照安装指令操作即可。

② **将 micro:bit 连接到 Scratch 上**
在为 micro:bit 编程之前，用 USB 数据线将 micro:bit 连接你的计算机。

③ **添加 micro:bit 扩展模块**
打开 Scratch，将"添加扩展"中的 micro:bit 扩展模块添加到指令块面板上，方便操作。

micro:bit

Scratch 中有些专门的指令块，可以用来为 micro:bit 等设备写代码——micro:bit 是一种微型计算机，内置有按钮和由 LED 灯组成的点阵。来吧，现在我们一起用它来创作好玩的游戏！

程序

在接下来这个程序中，我们会让 micro:bit 摇身一变，成为 Scratch 游戏控制器：一按 micro:bit 上的按钮，Scratch 中的角色就会跳起来！我们甚至可以用 micro:bit 来显示游戏得分！

① 我们首先给游戏的主要角色编写代码。每当你运行程序，这些脚本便会重置游戏，定义输赢，让你对主要角色加以控制。

角色1

> 在编写代码前，记得要先点击这个角色1的图标哟。

> 在给 micro:bit 添加代码前，你需先建立一个名为"得分"的变量。

```
定义        重置

移到   x: -100   y: 0
面向 90 方向
将   得分 ▼   设为 0
📟 显示文本        得分
将大小设为 55 %
```

```
定义        获胜 结束游戏

说 耶! 1 秒
停止 全部脚本▼
```

```
定义        失败 结束游戏

重置
停止 全部脚本▼
```

> 要想玩这个游戏，你需作并定义三个不同的函数

132

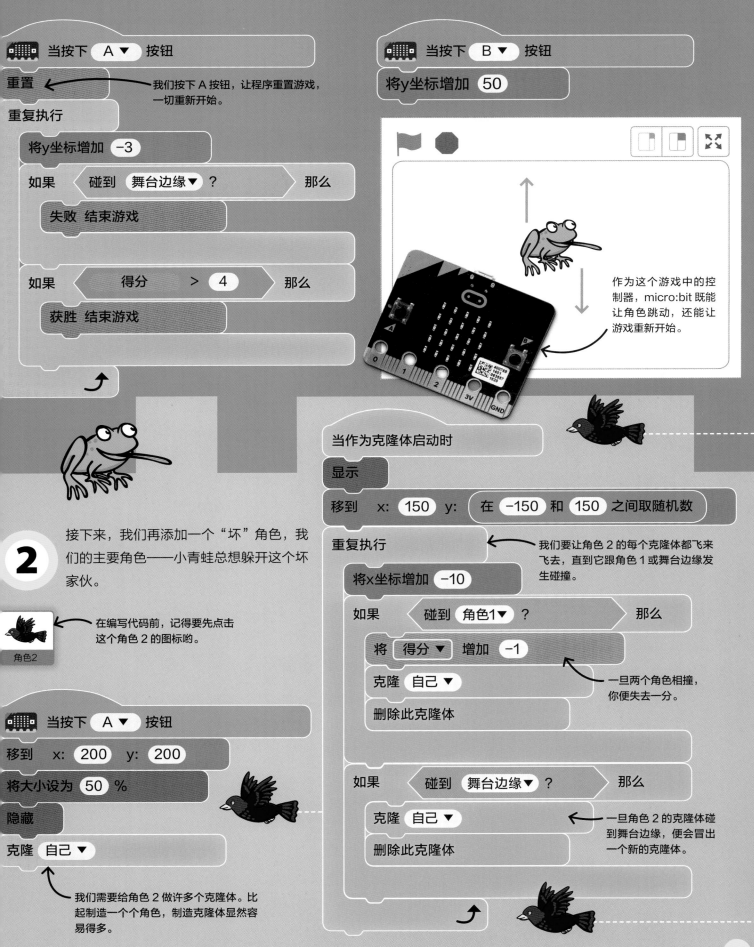

当按下 A ▼ 按钮

重置　← 我们按下 A 按钮，让程序重置游戏，一切重新开始。

重复执行

将y坐标增加　-3

如果　碰到　舞台边缘▼？　那么

失败　结束游戏

如果　得分　>　4　那么

获胜　结束游戏

当按下 B ▼ 按钮

将y坐标增加　50

作为这个游戏中的控制器，micro:bit 既能让角色跳动，还能让游戏重新开始。

2　接下来，我们再添加一个"坏"角色，我们的主要角色——小青蛙总想躲开这个坏家伙。

角色2　在编写代码前，记得要先点击这个角色 2 的图标哟。

当按下 A ▼ 按钮

移到　x: 200　y: 200

将大小设为　50 %

隐藏

克隆　自己▼

我们需要给角色 2 做许多个克隆体。比起制造一个个角色，制造克隆体显然容易得多。

当作为克隆体启动时

显示

移到　x: 150　y: 在 -150 和 150 之间取随机数

重复执行　← 我们要让角色 2 的每个克隆体都飞来飞去，直到它跟角色 1 或舞台边缘发生碰撞。

将x坐标增加　-10

如果　碰到　角色1▼？　那么

将　得分▼　增加　-1

克隆　自己▼

删除此克隆体

一旦两个角色相撞，你便失去一分。

如果　碰到　舞台边缘▼？　那么

克隆　自己▼

删除此克隆体

一旦角色 2 的克隆体碰到舞台边缘，便会冒出一个新的克隆体。

133

3 我们再来给主角小青蛙一直努力去捉的角色 3 写段代码——捉住它得分就能增加哟!

在编写代码前,记得要先点击这个角色 3 的图标哟。

角色3

游戏中会出现许多角色 3 的克隆体。由于它们做的事情都一样,所以克隆即可,不必再制作新角色。

当作为克隆体启动时

显示

移到 x: 150 y: 在 −150 和 150 之间取随机数

重复执行

　将x坐标增加 −10

　如果 碰到 角色1▼ ? 那么

　　隐藏

　　将 得分▼ 增加 1

　　　显示文本 得分

　　克隆 自己▼

　　删除此克隆体

一旦角色 1 捉住角色 3 的克隆体,你便会得到一分。

　如果 碰到 舞台边缘▼ ? 那么

　　隐藏

　　克隆 自己▼

　　删除此克隆体

克隆体一碰到舞台边缘便会消失,同时会出现一个新的克隆体。

当按下 A▼ 按钮

移到 x: −150 y: 150

克隆 自己▼

隐藏

克隆自己后,本体便会隐藏不见。

micro:bit 上的 LED 灯将会显示你的得分。

这里也会显示你的变量"得分",与 micro:bit 上显示的得分一致。

得分 4

每当你按下 B 按钮,角色就会向上跳跃 50 个像素。

只要游戏不结束,这些克隆体就会一直从屏幕上飞过。

答案

17 纸片像素

像素图像完成后，模样应该如下图所示——原来是一只恐龙呀！

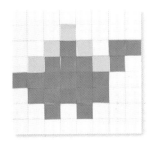

21 帮鲨鱼调试

步骤4中正确的指令说明应该写作：
向上朝（6，6）画出对角线，而后水平画到（5，6）。接着，向上朝（3，8）画出对角线。之后垂直向下画到（3，6），再向下朝（1，5）画出对角线。最终，在（0，7）抬笔结束。

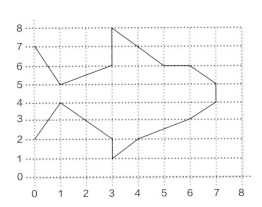

56 参数路径

下图为走出该迷宫的正确路径。完成该程序的具体指令块如下所示：

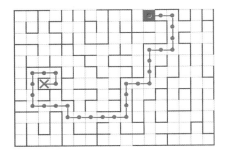

往右走（2）
往下走（3）
重复2次
　往左走（2）
　往下走（3）

往左走（5）
往上走（1）
往左走（3）
往上走（3）
往右走（2）
往下走（1）
往左走（1）

57 参数路径

下图为走出该迷宫的正确路径。完成该程序的具体指令块如下所示：

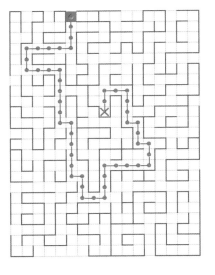

往下走（3）
往左走（4）
往下走（2）
往右走（3）
重复2次
　往下走（5）
　往右走（1）

往下走（2）
往右走（2）
往上走（3）
往右走（4）
重复2次
　往上走（2）
　往左走（1）

往上走（3）
往左走（2）
往下走（2）

63 为小动物做模式匹配

每组小动物的共同特点如下：

蛛形纲动物	昆虫
哪些是它们的共同特点？	哪些是它们的共同特点？
~~有八条腿~~	~~有两根触须~~
有翅膀	毛茸茸的尾巴
~~有脑袋和躯干~~	~~有翅膀~~
长有鳞甲	~~长着六条腿~~
~~有坚硬的外骨骼~~	有长长的脖子

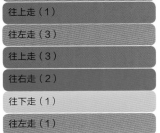

蠼螋：昆虫
蚂蚁：昆虫
蜈蚣：既不属于蛛形纲动物，也不属于昆虫！它属于多足纲节肢动物。

135

你知道吗？

计算机科学知识极为丰富，绝非仅限于编程。与其他科学相比，计算机科学的发展历史虽相对短暂，但在短时间内却取得了相当多的成就！

调试（除虫）

1946 年，ENIAC 计算机的研究工作团队发现该计算机的程序总是报错，打开计算机继电器时发现，里面不知何时钻进一只飞蛾。海军准将葛丽丝·穆雷·霍普用胶带将这只飞蛾粘在笔记本里，还在一旁注解，这是为代码除虫的第一个"真实案例"。

恶意软件

有时候，有些人图谋不轨，故意编写坏代码去盗取信息，或是让你的计算机无法正常运转。人们管这类程序叫恶意软件。

特洛伊木马

这个坏程序会将自己伪装成好程序。一旦你将它安装到计算机上，别人就能用它盗取你的数据。

病毒

计算机病毒跟人类病毒特别相似，它们擅长自我复制，而且未经许可授权便能将其他程序感染。

后门程序

有了后门程序，其他人不用密码口令就能访问你的计算机。

漏洞扫描器

有些人会针对系统运行扫描器，一旦发现安全漏洞，便会趁虚而入。

嗅探器

当你的信息行经互联网时，嗅探器会逐一查探你的信息条目，从中寻找重要数据。

蠕虫

计算机蠕虫是具有破坏性的小代码段，能在计算机之间传播。

按键记录

有的犯罪分子会在他人的计算机上安装按键记录器，将他人的按键内容记录下来，从而盗取数据资料。

哭笑不得

1982 年，15 岁的美国少年里奇·斯克伦塔本想编写一个捉弄人的小程序，却无意间写出了世界上最早的计算机病毒之一。他制造出一种名叫 Elk Cloner 的病毒，它会让一首诗歌偶尔出现在被感染的苹果二代计算机的显示器屏幕上。

早期计算机

① 滚轮式加法器

1642 年由法国人布莱兹·帕斯卡发明。这台计算机会做加法和减法。

② 康拉德·楚泽设计的 Z3 计算机

1941 年于德国发布。有人认为它是最早的可编程计算机。

③ 曼切斯特 1 型

该计算机在当时算是机型小巧的一款。1948 年诞生于英国，用于测试随机存取存储器（RAM）。

④ 埃尼阿克（电子数值积分计算机）

1945 年诞生，它可进行复杂运算，但是需要花费数天编程。

⑤ IBM 360

1965 年上市，该系列各型号计算机上的软件可互通使用，升级相当简便。

⑥ TRS-80

1977 年，该款个人计算机已广受欢迎。它配有键盘，而且可以运行游戏。

天壤之别！

巨型计算机

在 20 世纪 50 年代，IBM 公司承建了半自动地面防空系统（SAGE）工程——这套彼此相联的计算机，总重量达 250 吨。

微型计算机

2018 年，IBM 生产的一款计算机比一粒盐还要小，但功能却要比 20 世纪 90 年代的台式计算机更为强大。你瞧，左图主板上就安装了两个这种计算机。

二进制

几乎所有的现代计算机都使用二进制系统来传送和储存数据。计算机能将信息转变为 1 和 0，也能将 1 和 0 转变为电子信号。

数据计量

计算机中的文件大小，通常用字节来计量。字节是有一定大小的单元，一个字节可以储存一个字母、一个数字或一个符号。不同数量级的字节，名字也各不相同。

1 比特	= 单一的二进制数字（1 或 0）
1 字节	= 8 比特
1KB（千字节）	= 1024B（字节）
1MB（兆字节）	= 1024KB
1GB（千兆字节）	= 1024MB
1TB（太字节）	= 1024GB
1PB（拍字节）	= 1024TB
1EB（艾字节）	= 1024PB

术语表

抽象化
去除细节，使事物简化。

算法
告诉你怎样做某事的步骤列表。

人工智能（AI）
原本为人类所独有、如今也可被计算机用以完成任务的能力，比如思考或学习。

指令块
可经由鼠标拖拽、拼接进程序的代码段。

指令块编程
让用户借助指令块拼接进行编程的可视化计算机语言。

小虫
程序或算法中的错误。

点击
按压一次鼠标按钮。

代码
编程中用到的指令说明，可以告诉计算机该做什么。

码农
能够按照既定的设计完成编码的人。

编码
写代码。

合作
一起工作。

碰撞
当两个物体相触碰，即发生"碰撞"。

计算思维
运用计算科学的思维方式去解决问题。

计算机
接收信息并对其进行处理加工的机器。计算机可以选择将信息存储起来，也可以选择将其送出去。

计算机语言
计算机所能理解的特殊语言。

计算机科学
研究计算机在解决问题上的应用。

条件
一句表述。当这句表述为真时，某事才会发生。

条件语句
查验某事是真是假后方能继续运行的代码。

创意，创造力
产生与众不同的或新想法的能力。

数据
信息的统称。

调试（除虫）
找到错误并加以修正。

分解
将问题拆解成更容易理解的片段，以便分析处理。

定义（一个函数）
写下代码，从而告诉计算机函数该做什么。

下载
将文件从互联网复制到你的计算机上。

双击
快速连续点击两次鼠标按钮。

拖拽
按住鼠标按钮不放，同时在屏幕上移动它。

释放
拖拽动作完成后，松开鼠标按钮。

事件
能启动其他代码运行的代码触发器。

光纤
借助光传送数据的缆线。

重复执行循环语句
Scratch 中的控制指令块，它会一遍又一遍地重复代码，直到程序结束。

函数
可被重复使用且拥有自己名字的代码段。

游戏机
被设计用于运行游戏且借助控制器来操作的计算机。

绿旗
位于 Scratch 舞台上方的旗标。通常用于启动程序。

硬件
计算机中所有你看得见、摸得着的部件。

骇客
设计代码用以发现计算机安全漏洞的人。

帽形指令块
Scratch 中任何用以启动新脚本的指令块。

"如果那么"表述
一套代码。只有某条件为真时，该代码才会运行。

"如果那么否则"表述
一套代码。在这套代码中，如果条件为真，则运行某代码段；如果条件为假，则运行另一个代码段。

输入
传送给计算机或程序的信息。可通过点击鼠标、按键等方式实现，也可以借助摄像头捕捉到的动作实现。

指令
代码行或命令行。

互联网
…脑网络之间所串联成的庞
…网络系统。全世界的人都
…以借助互联网进行交流。

循环
…一遍又一遍重复代码。

恶意软件
…计用于盗取信息或破坏计
…算机的代码。

微型计算机
…积很小，但功能与一般电
…脑不相上下的计算机。

在线
…用互联网。

输出
…计算机或程序输出的信息，
…如词语、图像或是声音。

参数
…些函数需额外用到的信息。

模式
…个或更多事物共有的事项。

模式匹配
…别模式，进而将其找出。

PC
…人电脑的缩写。

持之以恒，锲而不舍
…复尝试某事直至成功的
…心。

像素
…图像的组成部分，为微小的
…色正方形或圆点。Scratch
…舞台就是以像素为计量单位。

程序
…将一项任务执行完毕的完
…整代码段。

程序员
编写程序的人。

编程
编定程序。

程序语言
用来写代码的语言。

改编
在既有项目的基础上，创作
一个新版本。

重复执行
执行同样的事。

韧性，复原力
即便某件事很难，也有继续
做下去的决心。

运行
启动程序。

机器人
能基于自己收集到的信息独
立采取行动的机器。

脚本
对一套代码的称呼。

软件
在计算机或机器上运行的
程序。

角色
可以用代码对其加以操控的
计算机图像。

舞台
Scratch 的界面组成部件之
一，角色的呈现之处。

表述
让计算机做某事的完整代码
片段。

用户名
用于专门指称某一用户的自
创名字。

值
数字、词语或其他信息。在
Scratch 中对"询问"指令
块给出的回答，也属于值。

变量
用以指称信息的占位符。该
信息在程序中的具体值变化
不定。

网站
可在线找到的信息页面。

无线上网
不需要网线便能将信息从一
处传送到另一处的方式。

万维网
使用某种约定语言互相交流
的计算机网络。

USB 数据线
该线可将各种拥有 USB 接
口的硬件连接起来。

x 位置
角色在横坐标上的位置。

y 位置
角色在纵坐标上的位置。

索引

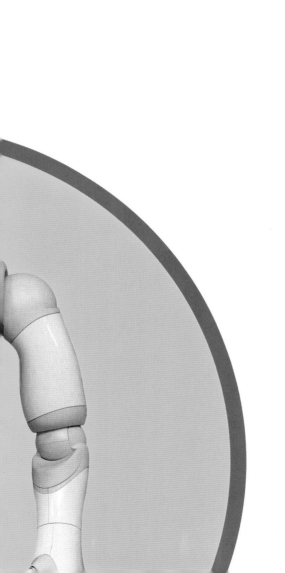

致谢

DK 向下列人员致以谢意：

校对员卡罗琳·亨特（Caroline Hunt）；负责编写索引的海伦·彼得斯（Helen Peters）；负责摄影工作的露丝·詹金森（Ruth Jenkinson）；负责模特工作的伊丽莎白·史密斯（Elisabeth Smith）等，以及法律协助员安妮·达默雷尔（Anne Damerell）。

感谢以下人员允许出版方对其持有的图片进行复制：

（关键词：a−上；b−下/底部；c−中；f−极；l−左；r−右；t−顶部）

1 Dorling Kindersley: Mark Ruffle (c). 6 Dorling Kindersley: Ruth Jenkinson (br). Dreamstime.com: Geopappas (cra); Robyn Mackenzie (ca); Valleysnow (tc). 8−9 123RF.com: Alessandro Storniolo. 14−15 Getty Images: Science & Society Picture Library (c). 14 Alamy Stock Photo: IanDagnall Computing (bl). Dorling Kindersley: Mark Ruffle (tr). 15 Alamy Stock Photo: Walter Oleksy (br). Dorling Kindersley: Mark Ruffle (tr, cb). 26−27 Alamy Stock Photo: Chuck Franklin (ca). Dreamstime.com: Jenyaolya Pavlovski (bc). 26 Alamy Stock Photo: Jochen Tack (bl). 27 Alamy Stock Photo: Andriy Popov (crb); True Images (cra). 28 Dreamstime.com: Piotr Marcinski / B−d−s (bc, tc); Nataliia Prokofyeva / Valiza14 (tr). 29 Dreamstime.com: Nataliia Prokofyeva / Valiza14 (br). 36 Alamy Stock Photo: INTERFOTO (br); Kumar Sriskandan (clb). Dorling Kindersley: Mark Ruffle (tr). 37 Alamy Stock Photo: Bletchley Park − Andrew Nicholson (cl). Dorling Kindersley: Mark Ruffle (tr). Rex by Shutterstock: James Gourley (bc). 44 Dreamstime.com: Panyawuth Chankrachang (bc); Kenishirotie (cra); Leung Cho Pan / Leungchopan (bl). 44−45 123RF.com: Volodymyr Krasyuk (bc). Dreamstime.com: Gawriloff (tc). 45 123RF.com: Vitaliy Kytayko / kitaec (br). Dreamstime.com: Kenishirotie (ca); Milotus (c); Wellphotos (bc). 54−55 NASA: (c). 54 Dorling Kindersley: Mark Ruffle (clb, tr). 55 Dorling Kindersley: Mark Ruffle (cr, br). NASA: (tr). 63 Dorling Kindersley: Forrest L. Mitchell / James Laswel (tl). 64 Dorling Kindersley: Mark Ruffle (bc, r, tl). Dreamstime.com: Sataporn Jiwjalaen / Onairjiw (tr). 65 Dreamstime.com: Sataporn Jiwjalaen / Onairjiw (br). 66−67 Dreamstime.com: Juan Carlos Tinjaca (bc). 69 Alamy Stock Photo: Justin Leighton (br). 70−71 Alamy Stock Photo: CSueb. 75 NASA: JPL−Caltech / Space Science Institute (c, cb). 84 Dorling Kindersley: Mark Ruffle (tc, tr). 84−85 Dorling Kindersley: Mark Ruffle (bc). 85 Dorling Kindersley: Mark Ruffle (tc, tr, crb). 94 Dorling Kindersley: National Music Museum (cl). 110−111 Dreamstime.com: Wachiwit (bc). 110 Dorling Kindersley: Mark Ruffle (tr). Getty Images: Noah Berger / Bloomberg (bl); SSPL (cl). 111 Alamy Stock Photo: ATStockFoto (crb). Dorling Kindersley: Mark Ruffle (tr). 124−125 Alamy Stock Photo: INTERFOTO (c). 124 Dorling Kindersley: Mark Ruffle (tr, clb). Getty Images: Mark Madeo / Future Publishing (br). 125 123RF.com: Roland Magnusson (cb). Alamy Stock Photo: dpa picture alliance (br); Jannis Werner / Stockimo (cra). 130 Robotical Ltd.: (cr). 131 Alamy Stock Photo: Dino Fracchia (b). 136 Alamy Stock Photo: Science History Image (bl). 137 Alamy Stock Photo: Zoonar GmbH (ca); Mark Waugh (tr); Pictorial Press Ltd (cla); Science History Images (tl); INTERFOTO (tc, cra). Getty Images: Andreas Feininger (cb). Science Photo Library: IBM RESEARCH (bl). 140 Alamy Stock Photo: INTERFOTO (bl). 142−143 Rex by Shutterstock: James Gourley (bc)

Cover images: *Back*: 123RF.com: Volodymyr Krasyuk br; *Spine*: 123RF.com: Chirawan Somsanuk t

All other images © Dorling Kindersley For further information see: www.dkimages.com